新老造山带的深部结构特征：以华南和青藏高原西部为例

Deep structures of old and new orogenic belts：case studies for South China and Western Tibet

王敏玲　梁晓峰　陈　赟　徐　涛　张　智　著

·长沙·

内容简介

Introduction

本书在综述华南及南海地区以及青藏高原西部的科学问题、研究意义的基础上，介绍了两个新老造山带的典型区域的地质构造背景。基于华南及周边地区宽频带地震台站的瑞利面波资料，考虑到实际地震射线的覆盖情况以及华南地区主要构造的主体展布特征，同时采用传统的规则网格剖分和平行主要构造走向的非规则网格剖分方法，分别进行了分格频散反演，开展了不同参数化方案对反演结果影响的对比分析研究。针对青藏高原西部布设的TW80宽频带流动地震观测剖面的波形数据，采用多通道互相关方法提取不同频带的P波和S波震相的相对走时残差。运用有限频远震体波层析成像技术，对地壳和上地幔P波和S波速度结构进行了反演。最后对两个新老造山带获得的深部结构信息进行了地质解释。

本书可供从事地震层析成像相关领域的相关研究人员参考使用，也可作为高等院校相关专业的教师、研究生和高年级本科生的教学参考用书。

作者简介

About the Author

王敏玲 女，博士。1988 年 8 月出生于湖南省祁阳县；2006—2010 年就读于中南大学地球科学与信息物理学院，获地球信息科学与技术专业学士学位；2010—2015 年硕博连读于中国科学院地质与地球物理研究所，获固体地球物理学专业博士学位；现为桂林理工大学地球科学学院讲师。主要从事地震面波和有限频远震体波层析成像研究。近年来，主持国家自然科学青年基金项目 1 项，广西自然科学青年基金项目 1 项，广西中青年教师基础能力提升项目 1 项。在国内外学术刊物发表论文 10 余篇，其中被 SCI 收录 3 篇，被 EI 收录 1 篇。

梁晓峰 男，博士，副研究员。1981 年 4 月出生于河南省焦作市；1998—2002 年就读于中国地质大学(武汉)地球物理系，获应用地球物理专业学士学位；2002—2009 年硕博连读于北京大学地球与空间科学学院，获固体地球物理专业博士学位，攻博期间，于 2007—2008 年作为国家留学基金委公派访问学生学习于美国罗得岛大学海洋学院；2009—2012 年在美国密苏里大学地质科学系从事博士后研究；目前在中国科学院地质与地球物理研究所工作。主要从事数字地震波形分析、地震定位、地震走时及衰减层析成像，以地震学方法为手段的地球上地幔结构及地球动力学，中深源地震相关的大陆岩石圈结构，陆－陆碰撞相关的裂谷发育过程，陆－陆碰撞及海洋岩石圈俯冲造山带下岩石圈接触关系等方面的研究。近年来，先后主持国家自然科学基金项目 3 项，在国内外学术刊物发表论文 20 余篇，其中被 SCI 收录 10 余篇。

陈　赟 男，博士，副研究员。1997 年大学本科毕业于长春科技大学(原长春地质学院)，获学士学位；2004 年毕业于中国地质大学(北京)，获硕士学位；2007 年毕业于中国科学院研究生院，获博士学位；目前在中国科学院地质与地球物理研究所岩石圈演化国家重点实验室工作，曾以高级访问学者身份在美国圣路易斯大学(SLU)、德国地球科学研究中心(GFZ)从事访问研究，兼任中国地球物理学会大陆动力学专业委员会副秘书长。主要研究领域为地球壳-幔结构成像与动力学，在青藏高原壳-幔结构探测与成像、古老重大地质事件岩浆作用的地球物理探测与深部过程重建等方面取得了重要进展。近年来，主持国家自然科学青年基金项目1项，面上项目2项，国家973计划课题1项，国家重点研发计划课题/子课题1项，中国科学院战略性先导科技专项(B类)子课题1项，中国科学院青年人才领域前沿项目1项。作为骨干研究人员，参加完成国家自然科学杰出青年基金项目1项，重点项目2项，创新研究群体项目1项，中国科学院知识创新工程重要方向项目2项，国家973计划项目课题1项，中国科学院战略性先导科技专项(B类)课题1项。曾获第八届青藏高原青年科技奖(2011年)、中国地质学会“2010年度十大地质科技进展”(2011年)、“2015年度十大地质科技进展”(2016年)、Tectonophysics Most Cited Article 2005—2010 (2011年)、教育部“高等学校科学研究优秀成果奖(自然科学奖)”二等奖(2009年)等奖励。在国内外学术刊物发表论文50余篇(被SCI收录40余篇)，SCI引用1300多次，多篇论文入选ESI全球TOP 1%高引论文目录。

前言

Foreword

造山带一直是固体地球科学的研究重心，在全球大陆范围内，显生宙以来的巨型造山带的面积占30%以上。这些巨大的造山带不仅记录了板块汇聚造山的历史，也记载了板块裂解、洋盆扩张、俯冲和消亡的过程。华南大陆是扬子块体和华夏块体两个微板块在新元古代晚期碰撞拼合形成的，它记录了多期板块聚散过程，经历了不同时代的构造运动和变形，是研究大陆再造和造山带演化的天然实验室。而青藏高原是新生代45 Ma左右印度板块与欧亚板块发生陆－陆碰撞，并吸收了至少1400 km的南北向缩短量，形成的全球最壮观的大陆碰撞造山带。青藏高原西部是碰撞挤压变形最强烈的部位，它的隆升过程可以为研究青藏高原演化过程提供重要信息。进行岩石圈结构三维成像可以探明造山带的现今构造，为理解碰撞造山带的演化过程提供重要约束，也为探明造山带内部正在发生的动力学过程提供重要的深部信息。因此，开展华南地区和青藏高原西部地区的岩石圈深部结构成像研究，刻画这两个新老碰撞造山带典型地区的现今深部结构特征，可以为研究大陆板块汇聚碰撞造山带的深部构造演化和动力学过程提供重要线索，并对认识大陆板块的形成和演化过程具有重要意义。

本书开展了新老造山带的典型区域的层析成像工作：华南及南海北部地区的面波层析成像，及青藏高原西部的有限频远震体波走时层析成像。全书共分为6章：第1章介绍华南及南海北部地区以及青藏高原西部的地质背景、地球物理方法在两个典型区域取得的主要进展，以及两种层析成像方法的国内外研究现状及其进展情况；第2章介绍地震面波层析成像的基本理论，包括地震面波的基本特征、面波频散及其测量方法，以及面波层析成像的基本原理；第3章主要论述华南及南海北部地区的面波层析成像，包括面波资料分析、数据处理、不同参数化方案下反演结果的对比分析和最终获取的横波速度结构的地质解释；第4章阐述了有限频体波走时层析成像的基本原理和方法，将传统的基于射线理论的走时层析成像方法和本书使用的有限频体波走时层析成像进行了对比分析；第5章详细论述了青藏高原西部的有限频远震体波走时层析成像，包括数据处理、模型参数化以及反演和解释，并对获得的P波和S波的速度结构进行了分析和讨论；第6章简要总结了本书所取得主要认识和结论，并对研究中仍然存在的问题及值得关注的科学问题提出了一定的未来工作设想。

本书得到了国家自然科学基金项目（41604039，41604102，41674075，41574078）、广西自然科学基金项目（2016GXNSFBA380215，2016GXNSFBA380082，2016GXNSFGA380004，2015GXNSFAA139238）和广西高校中青年教师基础能力提升项目（KY2016YB199）的联合资助。

在本书即将出版之际，对曾给予各种支持的老师和同事们表示感谢。首先，要衷心感谢我的导师中国科学院地质与地球物理研究所张忠杰研究员对整个研究工作的指导。中国科学院地质与地球物理研究所的田小波研究员、白志明副研究员、张晰副研究员、陈林副研究员、褚杨副研究员对本书提出了许多宝贵的建议，在这里谨向他们表示由衷的感谢。感谢云南大学胡家富教授、广东省地震局以及IRIS数据中心在基本数据收集、整理方面提供的帮助。

最后，感谢中南大学出版社编辑们的辛勤劳动！

虽然本书源于科学研究，但在内容的取舍上难免受个人理解的限制，也难免有不妥之处，敬请读者批评指正。

目录

Contents

第1章 绪 论

1.1 研究目的和意义

华南大陆是扬子块体和华夏块体两个微板块在新元古代晚期碰撞拼合形成的[1, 2]，而青藏高原是新生代大约45 Ma印度板块和欧亚板块的陆－陆碰撞形成的[3]。随着印度板块和欧亚板块的碰撞和青藏高原的隆升，高原下方深部物质在差应力作用下发生侧向运动，使得青藏高原随时间推移不断向北、东和东南方向扩张，先后发生了印支地块、华南地块、华北地块和东北－蒙古地块的挤出[3, 4]。印支地块和华南地块的左旋相对运动的间隙则是中国的南海地区。它是形成于红河－哀牢山断裂带南端的拉分盆地[5, 6]。另外从地震分布来看，中国大陆可分成以松辽盆地为西界、以郯庐断裂带－海南岛连线为东界的两大区域。上述两线所夹过渡带为地震分界线。青藏高原位于分界线以西，地震活动性很强，相比而言，华南及南海地区地震强度和频度则很低[7]。综上所述，通过对华南及邻区以及青藏高原的地壳和上地幔结构进行对比研究，可以为深入认识古老陆－陆碰撞造山带和年轻陆－陆碰撞造山带的演化过程、理解青藏高原和周边块体的相互作用关系以及青藏高原和华南地区两个区域的地震活动性差异的深部成因机制提供有价值的信息。

华南地区位于欧亚大陆东南部，北以秦岭－苏鲁－大别造山带为界与华北克拉通分隔，南以哀牢山－松马缝合带与印支块体分隔，西以龙门山断裂与松潘－甘孜块体相邻，东南临西太平洋，主体由扬子和华夏两个块体组成[1, 2]。新元古代中晚期(850 ~ 820 Ma)，扬子和华夏块体完成了两个古陆的拼合，最终拼贴成现在的华南大陆[8 - 11]。华南地区在早前寒武纪多块体构造演化的基础上，自中、新元古代以来，长期处于全球超大陆聚散与南北大陆离散拼合的交接转换地带；在现代全球板块构造演化格局中，自中新生代以来该区处在全球三大重要板块的汇聚拼合部位，遭遇到西太平洋板块西向俯冲、青藏高原形成，以及印－澳板块北向差异运动的夹持[12]。

南海北部大陆边缘作为欧亚大陆向海域的延伸，历经了多幕裂陷期、区域热沉降期和晚中新世以来的新构造期等构造演化阶段[13]。自琼东南至台东南发育了一系列陆缘裂陷盆地，岩石圈发生强烈拉伸，地壳厚度由大陆向海洋一侧逐渐减薄[14-17]。由于构造演化历史复杂，迄今对扬子和华夏两微板块的西南段分界[18-22]、雪峰山造山带(以往文献多称江南古陆，或称新元古代江南造山带)的构造属性[12,18,23,24]、南海北部大陆边缘的张裂类型[14]以及南海的形成演化模式等[25-27]尚存在较大争议，地震学成像结果可为上述基本科学问题提供相对可靠的深部约束。

喜马拉雅－青藏高原造山带是地球上所有陆－陆碰撞造山带中最具有争议也最引人注目的一个造山带。它东西绵延 3000 km，南北跨度最大超过 1500 km。它的南部是喜马拉雅和喀喇昆仑山脉，北部是广阔的青藏高原。过去三十年间，在喜马拉雅山脉到柴达木盆地和祁连山之间广阔的区域进行了大量的地质和地球物理研究。但以往受限于观测条件和恶劣的自然环境，地球物理观测大部分都集中在青藏高原中东部，青藏高原西部开展的地球物理研究非常有限，而青藏高原西部地质与东部地质存在众多差异，因此青藏高原西部是非常值得研究的。

首先从地形上看，高原西部的南北宽度很窄，仅为中东部的一半，越接近西构造结，南北挤压构造变形越剧烈，地形海拔越高。其次，印度岩石圈俯冲形态及俯冲前缘的位置沿喜马拉雅山脉走向存在显著的东西向差异，印度岩石圈整体从东向西俯冲角度变浅，向北延伸更远[28-31]；俯冲的印度岩石圈形态和厚度有明显变化[31,32]；而且在俯冲印度岩石圈(高速异常)内部存在明显的低速/高导异常现象[33-39]。另外，西部右旋的喀喇昆仑断裂和左旋的阿尔金断裂及其西端的康西瓦断裂在西昆仑几乎交汇，构成一个巨型楔形共轭构造；而东部则是一个开放的边界环境，形成青藏高原沿川滇－印支地块及东北缘侧向生长[3,4]。与青藏高原中东部类似，青藏高原西部同样在南部发育有大量的近南北走向裂谷带。这些裂谷带表明青藏高原西部地壳内应力主要表现为东西向的张应力。依据这些地表地质构造特征，众多学者认为青藏高原西部为整个青藏高原地壳物质东向挤出提供了重力势能和物质源头[40,41]。同时，青藏高原西部又是印度板块向北俯冲遇到塔里木盆地阻挡、造成青藏高原岩石圈强烈变形的关键部分。为了探明东向挤出的地壳变形与深部地幔南北向挤压变形之间存在的协调关系以及青藏高原东西部诸多差异的成因，需要对青藏高原深部岩石圈结构信息进行约束。

地球介质是构成固体地球本体的物质基础，是各种浅层地质活动和深部动力作用的物质载体。它们的属性和结构既是深浅构造活动发生的前提，也是各种复杂的物理化学作用的产物，蕴涵着丰富的关于地球结构和演化方面的信息。地壳和上地幔是海底扩张、板块运动、地壳沉降与隆升以及火山、地震、地热活动的主要场所。大陆演化的地球动力学过程也主要发生在岩石圈以及软流圈区域。因此，了解地壳和上地幔的三维结构对地球动力学研究具有极其重要的意义。地震学方法是人们探测和认识深部结构的重要手段。目前广泛应用的有深地震反射剖面法、深地震测深剖面法、天然地震体波方法和天然地震面波方法。

本书在综合利用广东、福建、台湾地区和南海周边(菲律宾、越南)固定地震台站数据的基础上，开展了华南大陆及南海北部地区瑞利面波层析成像研究，反演了研究区的地壳上地幔S波速度结构，为认识和理解华南地区深部结构特征和构造演化提供了地震学依据。另外利用课题组在青藏高原西部布设的宽频带流动地震观测TW80剖面的台站数据，开展了有限频远震体波走时层析成像研究，获取了青藏高原地壳和上地幔的三维P波和S波的速度结构，对进一步认识俯冲的印度岩石圈形态以及青藏高原下方陆-陆碰撞带的岩石圈相互作用提供更多约束。而通过比较华南地区和青藏高原西部的岩石圈结构，为认识陆-陆碰撞造山带的岩石圈结构演化过程提供有价值的信息，对理解陆-陆碰撞造山带和大陆岩石圈的演化历史提供有用的资料。

1.2 研究现状及进展

1.2.1 华南及南海地区地质构造背景

1)构造演化历史

华南大陆北以秦岭-大别造山带与华北块体相隔，西以龙门山断裂与青藏高原相连，南西以松马-哀牢山缝合带与印支块体接触，南东为西太平构造区(图1.1)。主体是扬子和华夏两个地块(微板块)，两个块体以江山-绍兴断裂为北界，中间为雪峰山造山带。华南大陆经历了长期、多期次的构造运动，主要是以下四个不同的演化阶段[12]：华夏大陆早期陆壳组成是分离的，在前寒武纪形成了早期的结晶基底[42]；华南大陆在中、新元古代多块体在Rodinia大陆聚合过程中，在新元古代早期[晋宁Ⅰ期(约0.9 Ga)]形成扬子和华夏两个古微板块[10]，在新元古代中晚期[晋宁Ⅱ期(850~820 Ma)]扬子和华夏两微板块完成最后的碰撞拼合，并形成了江南造山带[8-10,42]，至此形成了历经前寒武纪长期演化的统一华南大陆板块，标志着复杂差异的华南大陆统一基底形成；在显生宙华南大陆经历了两期(加里东期和印支期)陆内造山作用[10,11,43]；在中新生代华南大陆主要处于太平洋板块西向俯冲、印度-澳大利亚板块差异北进、印度-欧亚大陆碰撞和青藏高原形成及其物质东向运动间的夹持之中。以上复杂的构造运动造就了华南大陆现今复杂的构造面貌。作为欧亚大陆向海域延伸的南海北部大陆边缘，位于欧亚板块和太平洋板块的交汇处，在加里东运动微陆块间的拼贴、印支期及燕

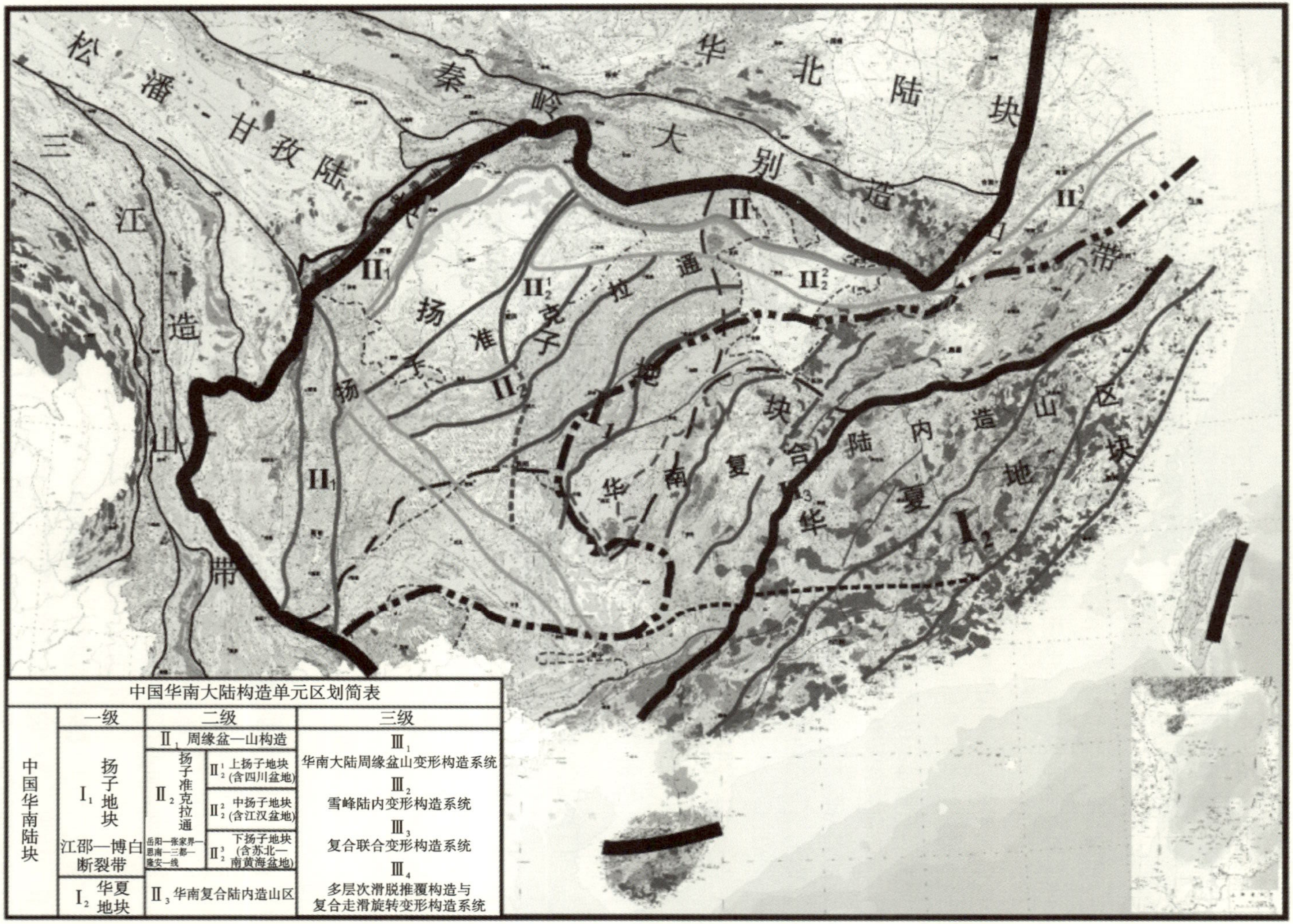

中国华南大陆构造单元区划简表

	一级	二级	三级
中国华南陆块	I_1 扬子地块	II_1 周缘盆—山构造	III_1 华南大陆周缘盆山变形构造系统
		II_2 扬子准克拉通：II_2^1 上扬子地块(含四川盆地)	III_2 雪峰陆内变形构造系统
		II_2^2 中扬子地块(含江汉盆地)	III_3 复合联合变形构造系统
		II_2^3 下扬子地块(含苏北—南黄海盆地)	III_4 多层次滑脱推覆构造与复合走滑旋转变形构造系统
	江邵—博白断裂带	岳阳—张家界—思南—三都—鹰安一线	
	I_2 华夏地块	II_3 华南复合陆内造山区	

图1.1 华南大陆构造单元区划图(据张国伟等，2013)

山期等多期构造演化基础上，经两次不同方向的海底扩张短期改造而形成[6, 13, 25]。

2）岩浆活动及成矿作用

华南大陆发生了多期而且强烈的岩浆活动。地球化学及岩石学证据表明，华南地区（尤其是东南沿海地区）出露了广泛的具有时空分布规律的火山岩和花岗岩[12, 44, 45]，从而形成了我国东南沿海巨量花岗岩带和高钾钙碱性火山岩带以及众多大型金属矿床。前人认为这种时空分布规律可能跟古太平洋在晚燕山期的俯冲角度发生变化以及板块后撤等因素有关[46]。Li 和 Li[43]提出了平板俯冲模型来解释华南地区约 1300 km 的造山带在 290 ~ 190 Ma 从沿海向内陆迁移的现象。华南花岗岩从西北到东南形成时间由老变新，其中燕山期的花岗岩岩浆活动达到最高峰（时间段为 110 ~ 120 Ma），其显著特征是矿化活动十分强烈，大多数与侏罗纪 - 白垩纪花岗岩密切相关[47]。南海北部陆缘地区，白垩纪以来以拉伸盆地形成和火山喷发、基性岩墙侵入为标志的伸展作用非常强烈。在岩浆活动方面，白垩纪 - 古近纪既有侵入也有喷发，而晚新生代主要表现为火山喷发[48]。

3）地震活动性

近年来，华南周边地区发育中强浅源地震活动，主要的中强地震活动带分布于：①龙门山 - 康滇南北地震带；②东南沿海 - 台湾地震活动带；③苏南地震活动带。这些地区发育较多的活动断裂带，但在华南广大地区现今地震活动微弱。GPS 最新观测结果表明，华南地块相对于青藏高原以及华北地块而言，运动速率是最小的（一般每年仅几毫米或十几毫米，比青藏高原运动速率约小一个数量级）。华南块体内部无明显变形，是中国大陆上相对稳定的地块[49]。由此显示，与中国大陆其他地区相比，华南周边地区现今岩石圈活动性相对较大，而华南广大地区现今仍是相对稳定或地震活动微弱地区，这样的地震活动性特征应受这一地区的岩石圈结构和深部动力学过程制约。研究岩石圈三维结构、演化及其动力学过程可对弱震区岩石圈性质、强震区地震发生以及孕震环境演变预测提供深部地质构造背景信息。

1.2.2 华南及南海地区地球物理研究成果

华南地区的深部结构研究工作，主要以深部探测方法为基础，包括深地震反射、深地震测深和宽频带地震探测。20 世纪 80 年代前后，冯锐等[50]通过对地震面波频散资料进行反演，得到了华南地块的平均地壳模型，揭示了东南沿海地区地壳深度的变化趋势；胡家富等[51]首次对中国数字地震台网的中长周期面波记录进行处理获得了东南地区的速度结构；刘建华等[52]利用 P 波走时数据得到了华南及沿海的三维 P 波速度结构；Zeng 等[53]利用重力异常给出了华南地区的地壳结构信息，得到了上地壳深度图，并对断裂带与重力异常的关系进行了较详细的讨论；姚伯初[54]利用海上反射地震及广东陆地的地壳测深资料，研究了南海陆缘三条断面上的地壳结构特征。

2000年以来，滕吉文等[55]根据深地震测深得到了东亚及其邻区的莫霍面深度；郑圻森等[56]根据30多条人工地震剖面的数据分构造单元对华南地区地壳结构进行了分析；Zhang等[57-61]在华南地区使用宽角反射/折射获得了几条剖面的地壳精细结构和岩石组成；熊小松等[62]和邓阳凡等[63]综合华南地区的深地震测深、深地震反射以及宽频带地震资料对该区域的莫霍面深度变化进行了讨论。同时近些年由于海底地震仪的广泛使用，南海海域的速度结构研究也取得了很大的进展，获得很多人工源探测的地壳上地幔结构[16, 17, 64-66]。

Huang和Zhao[28]以及Li等[67]利用P波层析成像的方法分别获得了中国及邻区以及东南亚地区的上地幔P波速度结构；胥颐等[68]利用国家地震台网和国际地震数据中心ISC所搜集的地震事件，通过Pn波走时反演得到了南海北部地区的地壳及地幔的三维Pn波速度及各向异性；李志伟等[69]在胥颐的数据基础上反演了三维P波速度结构；Ai等[70]利用福建、台湾地区的台站获得了高分辨率的接收函数结果，反演了该区域的地壳厚度并计算了泊松比；姚伯初和万玲[71]利用P波层析成像方法第一次全面研究了南海地区的岩石圈三维结构和厚度特征；Zhao等[72]对中国大陆东部进行了横波分裂研究，其结果显示了华北克拉通内部、扬子克拉通东西部以及华夏块体之间快波存在差异。

近年来，很多学者在中国大陆及东亚地区开展了面波层析成像工作[73-77]。具体到华南及南海区域，前人利用面波数据也开展了S波速度结构研究，徐果明和王善恩[78]利用双台资料计算了相速度频散并反演了S波速度；滕吉文和胡家富[79]利用群速度频散反演获得了我国东南大陆及陆缘地带的剪切波速度；曹小林[80]等利用面波波形反演了南海及邻近地区的地壳上地幔速度结构；黄忠贤等[81, 82]利用群速度频散反演了中国及其邻区的S波速度结构；Feng等[74]利用面波波形资料以及频散资料联合反演得到了中国大陆岩石圈的S波速度结构；Zhou等[83]利用随机噪声和天然地震结合的方法获得了华南大陆的S波速度结构；陈立等[84]利用瑞利面波数据反演了南海的S波速度结构，此外还有Tang和Zheng[85]在该区域开展的面波层析成像工作；Yang等[86]利用瑞利波相速度反演了印支块体及邻区的岩石圈结构。

1.2.3 面波层析成像研究进展

地震面波的基本理论最早始于Rayleigh和Love的研究，Jeffreys[87]进一步拓展了面波的理论研究，解释了面波的频散特征。Haskell[88]将矩阵方法推广到多层介质面波的计算，并导出了面波的频散方程。Ewing和Press[89]最早使用峰谷法来提取面波频散参数并将其用来研究地壳上地幔结构。Sato[90]提出了使用傅里叶变换方法来提取频散参数，20 世纪 60 年代后期一系列在傅里叶变换和数值滤波基础上发展起来的方法被用于面波频散测量中[91-95]。80 年代以后，随着面波资料的大量积累以及计算机技术的发展，利用面波波形反演方面也取得了进展。传统的面波方法是基于大圆路径假设的，Ewing 和 Press[96]最早提出了当地震面波在区域尺度小上时会偏离平面波的假设，由于观测条件的限制，没有直接的观测证据。90 年代以来，随着区域台网布设的不断发展，地球介质的横向不均匀性导致的复杂地震面波波场也不断为人们所认识。面波波场的复杂性通常表现在两个方面：传播路径偏离震源与接收台站之间的大圆弧路径，波场复杂的干涉现象（通常也被描述为多重路径传播[97]和散射[98]）。考虑到面波在区域小尺度以及介质横向不均匀性大的情况下偏离大圆路径和非平面波的实际情况，Friederich 等[99]提出了用二维地震台站同时反演波场参数和相速度的方法。为了减少波场反演的参数，Forsyth 和 Li[100]使用了两列平面波干涉的图样来拟合非平面波波场。该方法被广泛用于美国东部[101]和中国藏南[102, 103]等地区面波相速度的研究。

近年来，兴起了基于台站间噪声信号的互相关分析提取格林函数来计算面波频散的背景噪声层析成像方法。它不依赖于人工震源和地震，地震背景噪声基本由地表源激发（微震、人为活动、大气活动、海陆作用等），互相关所提取的格林函数显示了高信噪比的面波信号，因此背景噪声层析成像方法可认为是面波层析成像方法的延伸，也是面波研究的最新进展。自从 Shapiro 等[104]证明利用区域地震台网数据能由背景噪声中提取有效的面波格林函数以来，该方法近年来被广泛用于区域尺度[105]以及大陆尺度[106]的层析成像研究中。

1.2.4 青藏高原西部地质构造背景

1）主要地体组成及走滑断裂

青藏高原西部自南向北依次是喜马拉雅块体、拉萨块体、羌塘块体、甜水海地体、西昆仑和塔里木盆地。上述块体分别以印度河－雅江缝合带、班公湖－怒江缝合带、金沙江缝合带、康西瓦断裂（往东延伸是阿尔金断裂）、西昆仑前陆逆冲断裂为界[3]（图 1.2）。在高原西部有三条主要的走滑断裂：喀喇昆仑断裂、康西瓦断裂及龙木－郭扎措断裂。喀喇昆仑断裂（Karakorum fault）为活动的右旋断裂，与阿尔金断裂（Altyn Tagh fault）一道共同构成青藏高原的西部边界。它在冈仁波齐峰附近错断了（66±10）km，在南部终止于雅鲁藏布江附近的拆离系[3]，自形成以来其累计走滑位移量在 280 km 以上，第四季以来最小累积位移量在 120 km 以上，长期的平均滑移速率为 11 mm/a[107]。康西瓦断裂又称为阿尔金断裂西段或西阿尔金断裂，呈 WNW－ESE 向延伸近 700 km。由于该断裂的断裂活动性、构造演化历史及深部地球物理结构等都与阿尔金断裂带一致，许多西方学者称之为阿尔金断裂带喀拉喀什河谷段或喀拉喀什断裂（Karakash/Karakox fault)[108]。它是一条晚第四纪左旋走滑活动断裂，晚第四纪以来平均左旋走滑速率为 8 ~ 12 mm/a，沿该断裂带 7 级以上大地震周期性地反复发生[109]。龙木 – 郭扎措断裂(Longmu – Gozha fault)东北可延伸至阿尔金断裂，西南延伸到喀喇昆仑断裂，三个断裂交汇的区域是甜水海地体。它是一条形成于晚中新世 – 上新世的左旋走滑断裂，平均滑移速率约为 3 mm/a，累积位移量达到 25 ~ 32 km，可能对喀喇昆仑断裂构造样式起着一级控制作用[110]。

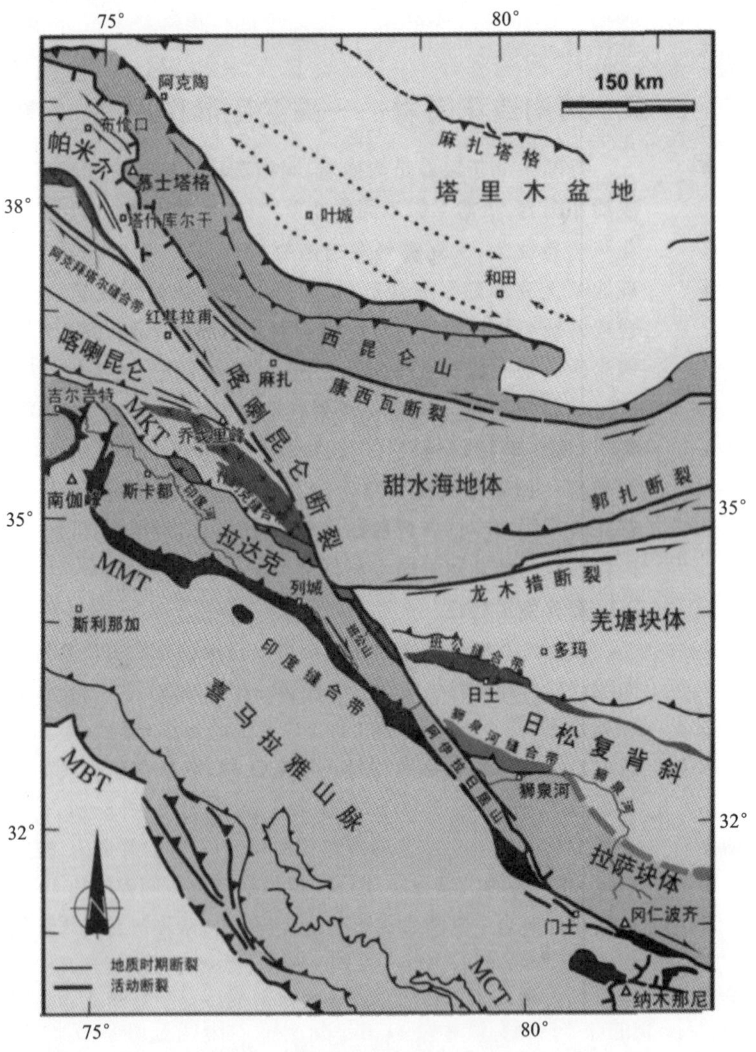

图 1.2 青藏高原西部构造简图

(据李海兵等，2006)

2) 地表构造

青藏高原西部，包括帕米尔高原区，是青藏高原平均海拔最高(约5000 m)、印度板块和塔里木盆地跨度最狭窄的地段(400～500 km)；同时，高原西部宽度仅为高原中东部的一半，越往西构造结变形越剧烈，地形海拔越高。在青藏高原西部右旋的喀喇昆仑断裂与左旋的阿尔金断裂及其西段的康西瓦断裂在西昆仑几乎交汇，构成一个巨形楔状构造(图1.2)。另外，与青藏高原中东部类似，青藏高原西部同样在南部发育有大量的近南北走向裂谷带。在这些裂谷带及西昆仑南部于田地区2008年发生的里氏(M_s)7.3级正断层地震表明青藏高原西部地壳内应力主要为东西向的张应力。依据这些地表地质构造特征，众多学者认为青藏高原西部为整个青藏高原地壳物质东向挤出提供了重力势能和物质源头[40, 41]。

3)超钾质火山岩的分布

藏南地区发现的早－中中新世超钾质火山岩主要分布在青藏高原西部(87°E以西)，表明当时藏西南岩石圈经历了高温、高度交代变质过程[111－113]，之后其被向北俯冲的低温印度岩石圈所挤压并切断热源。但为什么超钾质火山岩主要分布在高原西部，原因尚不清楚。但超钾质火山岩反映的是上地幔所发生的部分熔融物质及其包含构造背景的组分特征[113]。超钾质火山岩分布的差异暗示：中新世以来，青藏高原东西部所发生的岩石圈地幔动力学过程存在差异，理清这样的岩石圈动力学过程差异需要现今岩石圈结构图像所提供的信息。

1.2.5 青藏高原西部地球物理研究成果

过去三十年间，在喜马拉雅山脉到柴达木盆地和祁连山之间广阔的区域进行了大量的地质和地球物理研究；但以往受限于观测条件和恶劣的自然环境，地球物理观测大部分都集中在青藏高原中东部，而在青藏高原西部开展的地球物理研究非常有限，仅有中国科学院和中国地质科学院开展了部分综合地球物理观测[114－117]；直到近年越来越多的地球物理观测，尤其是宽频带流动地震观测才得以在高原西部顺利开展[31, 118－120]。

1994年中国科学院地球物理研究所在高原西部84°E～86°E范围内沿吉隆－三个湖布设了地球物理综合大剖面(重力、地磁、大地电磁和人工地震)，孔祥儒等[121]利用综合资料研究发现：在雅鲁藏布江缝合带和班公湖－怒江缝合带附近都有明显的异常反应，缝合带两侧的地壳构造和性质差异较大，在雅鲁藏布江缝合带东西两侧深部结构也存在明显不同。1998—1999年，中国地质科学院与台湾省中研院共同在西昆仑－塔里木先后布设了爆炸地震宽角反射剖面、深地震反射剖面和宽频地震剖面，宽角反射剖面显示塔里木整个地壳似厚板状向南倾，展现了塔里木向西昆仑山下俯冲的图像[116]；深地震反射剖面显示西昆仑山下北倾和塔里木盆地南倾的反射，表明塔里木并非直接插入青藏高原，而是在青藏高原西北缘形成一种对冲的迹象[115]；与深反射剖面重合位置进行的宽频带研究也得到了类似深反射的结果，并表明北倾的反射可延伸到140 km[122]。

中国地质科学院与法国研究中心在2001年合作布设了叶城－狮泉河宽频带地震剖面，远震接收函数及P波层析成像发现塔里木岩石圈以45°向南俯冲了至少300 km[117, 123]，沿该测线的剪切波的各向异性表明：西昆仑地区各向异性大都沿北东方向分布，整体走向与青藏高原和塔里木盆地北缘各向异性空间分布一致[124]。Rai等[125]利用在恒河平原到喀喇昆仑南缘布设的南北向的宽频带流动地震台站数据开展了接收函数成像，结果显示从印度地壳往北到达喀喇昆仑的Taksha，莫霍面从40 km逐渐增厚到75 km。金胜等[126]沿札达－泉水湖进行的大地电磁观测中观测到中下地壳及上地幔顶部存在大规模不连续高导体。Nábělek等[118]使用Hi－CLIMB计划的一个密集地震台站阵列（沿85°E）观测到：主喜马拉雅逆冲断裂从尼泊尔以浅的深度延伸到藏南的中下地壳的连续样式，印度地壳可追踪到31°N，倾斜的地幔构造暗示印度地幔以弥散样式沿着几个近乎平行的结构俯冲。

Razi等[119]利用区域地震P波和S波走时成像观测到：青藏高原西部地壳整体表现低速，但并未在地壳发现低速区，剖面结果显示印度板块最远俯冲到青藏高原32.5°N（班公湖－怒江缝合带南侧）。Zhao等[127]沿着ANTILOPE计划测线在青藏高原西部观测到：印度岩石圈在100～250 km深度上近乎水平地下冲到金沙江缝合带附近，高速的印度岩石圈和塔里木岩石圈之间在金沙江缝合带同阿尔金断裂间存在低速上地幔，且该低速区域存在横向变化。2011年11月至2013年11月，中国科学院地质与地球物理研究所张忠杰课题组在青藏高原西部布设了宽频带地震剖面TW80，接收函数成像显示：下地壳结构沿主要缝合带有分段特征，地壳结构和莫霍面深度在主要构造边界发生突变。同时，在莫霍面上部存在一个速度不连续面，可能是由部分榴辉岩化引起的（榴辉岩化的区域覆盖了整个拉萨块体50～70 km的深度）。该区域可延伸到雅鲁藏布江缝合带以北200 km[120]。沿该剖面的横波分裂研究表明：台阵下方存在双层各向异性，下层的快速方向是N－S方向（与印度板块向青藏高原俯冲方向一致），上层是NE－SW方向（可能与下地壳流有关）[128]。

1.2.6 有限频体波走时层析成像研究进展

有限频层析成像的发展在理论地震学方面可分为面波和体波两大类。有限频面波层析成像包括波形、走时、幅度、偏振角、群速度和Q值反演。有限频体波层析成像包括走时、幅度、Q值反演，以走时反演为主。这里着重介绍有限频体波走时层析成像。在有限频理论出现之前，传统的地震走时层析成像方法大多是基于射线理论的[28]，鉴于射线理论是在地震波无限高频的假设的基础上，同时地震波传播过程中存在波前愈合等波动现象，有限频层析成像方法一经提出之后便立即受到广泛关注。2000 年，Dahlen 和 Zhao 两个研究组[129, 130]同时发表了球对称初始介质中的体波三维有限频走时 Fréchet 敏感度核函数的计算理论[Fréchet sensitivity kernel，由于其形状在球对称介质中似香蕉，沿纵切方向看则如同空心的甜甜圈，因此也被称为“香蕉 – 甜甜圈”敏感核(Banana – doughnut kernel)]，之后又推导了体波振幅的三维敏感度核函数计算方法[131, 132]，走时敏感度核函数在中心射线路径上的值为零，振幅敏感度核函数在中心射线路径上达到局部最大值。起初该方法主要用于一维速度模型(比如 IASP91 模型[133]和 AK135 模型[134])的地幔速度结构成像工作[135 – 137]。随着研究的深入和计算能力的进步，目前基于三维参考速度模型计算三维空间敏感度核函数的数值算法取得显著发展[138 – 140]，但考虑三维模型的敏感度核函数计算量巨大，仅应用于区域地震的层析成像计算中[141]，而远震层析成像中还很少使用。

有限频层析成像中的核心步骤是敏感度核函数的计算。Dahlen 等[129]和 Hung 等[142]用射线求和(ray sum)和旁轴近似(paraxial approximation)两种方法获得三维敏感度核函数，并对两种方法的优缺点进行了分析：射线求和方法的计算速度快，但需要很多次射线追踪，即需要追踪从震源到介质中各个散射点的射线以及从各个散射点到接收点的射线，并且射线求和方法不适用于转换震相(比如 PS、PcS)。而旁轴近似方法只需追踪从震源到接收点的射线路径即可，并用旁轴近似求出中心射线外的 kernel 值，因此也称为“射线 – 有限频”理论，且旁轴近似方法适用于震中距在 30° ~90°之间的常见震相(比如 P、S、PcP、ScS、PP、SS)。这些都是远震体波层析成像研究中常用的震相，因此旁轴近似方法是远震体波有限频走时层析成像中的常用方法。Zhao 等[130]和 Capdeville [143]用简正振型(normal – mode)方法获得了三维有限频走时敏感度核函数。该方法构建的体波波场是严格符合波动方程的，但它的计算量非常大。除此之外，还有针对三维非均匀初始介质的散射积分法(scattering integral)[139, 144]以及联合波场法(adjoint wavefield)[138, 140]。敏感度核函数的计算是一个非常耗时的过程，以上各种方法都是在兼顾精度的前提下通过使用不同策略来提高计算效率的。

随着有限频理论的不断改进，球对称初始介质的体波有限频走时层析成像在 2004 年以后被广泛应用。Hung 等[135]对冰岛下的地幔柱重新进行反演，发现无论是 P 波还是 S 波有限频反演的速度异常在幅值上平均都要比射线理论所得的结果高，并且有限频比射线理论层析成像能探测更深的速度异常。随后 Hung 等[137]利用有限频层析成像方法对中美洲加勒比海下 D″层剪切波速度结构进行研究，发现研究区的大部分都是剪切波的高速异常，其他区为低速异常，并认为这种高低速异常可能与全球地幔对流物质有关。Montelli 等[136, 145]进行了全球地幔柱成像发现：射线理论对深部小尺度的速度异常振幅可能低估了 30% ~60% 。他们的研究中获得了 6 个高分辨率的全地幔柱和几个限于上地幔的热柱。他们的发现引发了一些学者针对有限频理论方面和在实际反演中有限频和射线理论的优缺性的争议[146-150, 207]。近年来有限频走时层析成像也被广泛应用于中国大陆，如藏南[38, 151, 152]、华北[153]等地区。

1.3 主要研究内容

本书在综述华南及南海地区以及青藏高原西部的科学问题、研究意义的基础上，分别介绍了两个新老造山带的典型区域的地质构造背景，详细总结了相应研究区域的地球物理研究成果，并进一步阐述了相应的面波层析成像和有限频体波走时层析成像的研究进展情况。本书利用华南地区的区域地震台站以及 IRIS 上的固定台站的地震波形资料，对华南及南海北部地区开展了面波层析成像工作；另外利用课题组在青藏高原西部布设的 TW80 宽频带流动地震台站观测剖面的波形数据，开展了有限频远震体波走时层析成像工作。全书共由 6 章组成，各章节主要内容如下：

第 1 章 论述了本项研究的研究目的和意义，介绍了两新老造山带的典型区域——华南及南海北部地区以及青藏高原西部的地质构造背景，总结了研究区域的地球物理方法取得的主要进展，并概述了面波层析成像和有限频体波走时层析成像的研究进展，概述了全文的组成。

第 2 章 阐述了面波层析成像的基本原理和方法，从面波的特征出发，介绍了面波频散和地球介质之间的关系，面波频散的测量方法，并论述了本书使用的面波层析成像的基本原理和方法。

第 3 章 详细论述了华南及南海北部地区的研究背景，面波层析成像的资料分析、数据处理以及反演结果与解释，并对模型的可靠性和分辨率进行了系统的评价，最后分析并总结了各阶段反演结果的分布特征，并对这些分布特征所体现的地球动力学意义进行了讨论。

第 4 章 阐述了有限频体波走时层析成像的基本原理和方法，首先简要介绍了传统的基于射线理论的走时层析成像方法，之后介绍了本书使用的有限频体波走时层析成像的基本原理和方法，最后对两种理论进行了对比分析。

第 5 章 详细论述了青藏高原西部的研究背景，有限频远震体波走时层析成像的数据处理、模型参数化以及反演结果和解释，并对解的可靠性进行了评价，最后分析和讨论了得到的 P 波和 S 波的速度结构，这些速度结构对我们了解印度板块和欧亚板块的接触关系给出了更多的信息。

第 6 章 简要总结了本书所取得主要认识和结论，并对研究中仍然存在的及值得关注的科学问题提出了未来工作设想。

第 2 章　地震面波层析成像基本原理与方法

2.1　地震面波及其特征

在各向同性弹性介质内部可以存在两种传播速度不同、偏振方向相互正交的波：P 波和 S 波。P 波和 S 波可以穿过介质内部沿任意方向传播，这种波叫体波。但实际地球介质是有限的、有边界的。在界面附近还存在另一类波。它们沿着界面传播，称为面波。地震面波有多种，最重要的是瑞利(Rayleigh)波和洛夫(Love)波。它们在地球物理学研究中占有重要地位[154]。

瑞利波(Rayleigh wave)由 1885 年英国物理学家瑞利(Rayleigh J W S)首先在理论上导出，后在地震记录中得到证实。这种波是由 P 波和 SV 波耦合形成的。它沿地球表面传播，波的位移矢量在垂直于地面的平面内作椭圆运动，长轴沿垂直方向，偏振方向在水平面内，并平行于波的传播方向，波的振幅在地面最大，并随着深度增加以指数形式衰减，如图 2.1 所示。

洛夫波(Love wave)是 1911 年英国物理学家洛夫(Love A E H)提出的，这是 SH 型振动的面波。其质点振动方向平行于地面，且垂直于波的传播方向。这种面波发生的条件是浅层的 S 波速度必须小于深层的 S 波速度，如图 2.2 所示。洛夫首先是在高速半空间上覆盖一低速水平层的地层结构下导出存在洛夫面波的。

简单来说，地震面波具有以下一般特征：

(1)面波是由体波超临界反射并相互叠加后形成的沿界面或自由表面传播的干涉型地震波，因而，面波是由介质的性质和结构决定的，而不是由震源的激发特点引起的。

(2)由于面波能量只在二维空间中扩散，而体波传播过程中的能量是在三维空间中扩散的，因而面波在水平方向上的衰减较体波小得多(约为后者的平方根大小)。

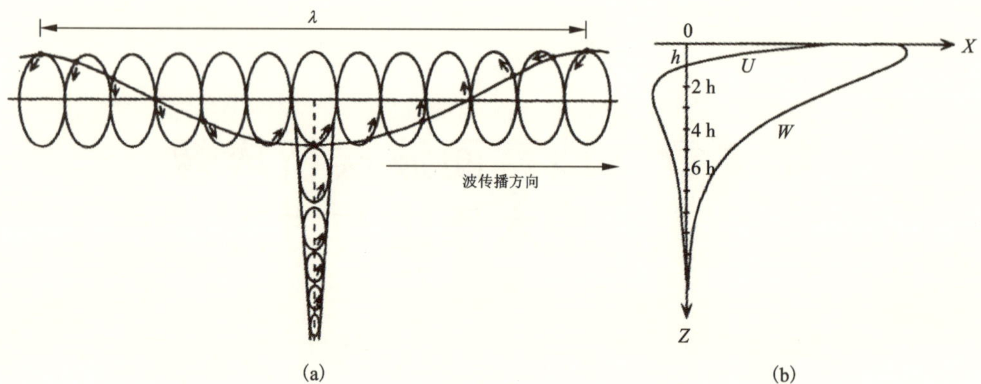

图 2.1　瑞利波质点运动轨迹图随深度的变化(a)及位移随深度衰减(b)[155]

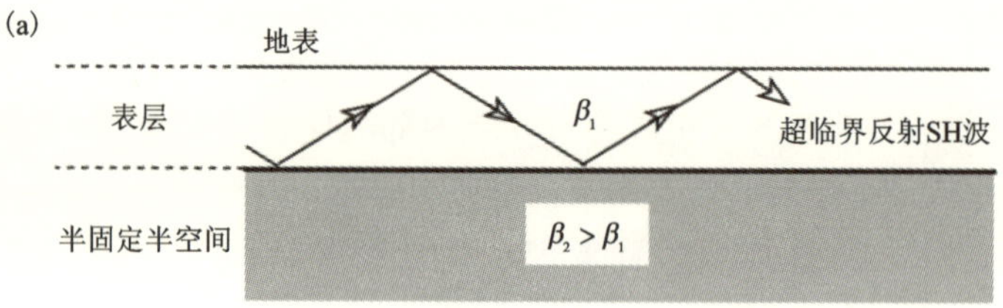

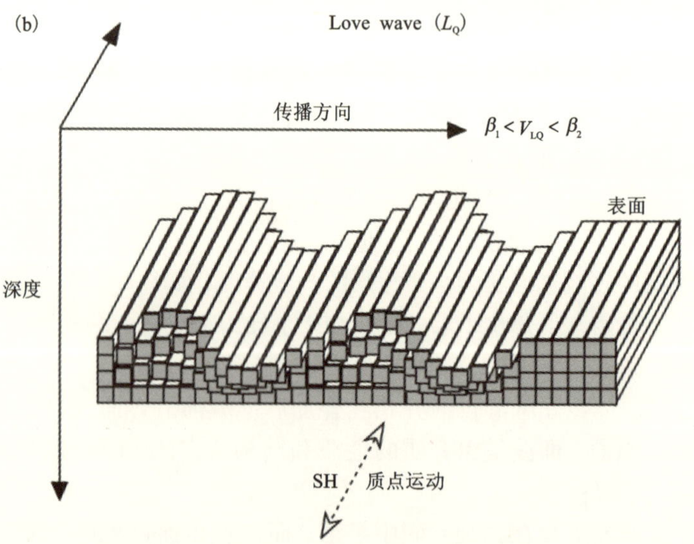

图 2.2　洛夫波的产生机理示意图(a)及质点运动轨迹示意图(b)[156]

(3)面波在深度方向上能量衰减很快(按指数规律衰减)，它对地球的穿透深度随波长(或频率)而变化，波长愈长(或频率愈低)的面波穿透的深度愈深，一般对其约 1/3 波长的深度敏感[157]。

(4)面波具有频散特性，即不同频率的面波以不同的传播速度在地球介质中传播[158]。

2.2　面波频散及其测量方法

2.2.1　面波频散

面波频散包含了介质参数和结构方面的信息，是研究地壳上地幔大尺度结构及横向不均匀性的一种强有力的手段。面波频散可分成两大类，即群速度频散和相速度频散。群速度是指含不同频率成分的合成波的能量极大值(能量包络)在空间的传播速度，而相速度是指单一频率成分的波动传播的速度(波的同相面在空间的传播速度)，如图 2.3 所示。

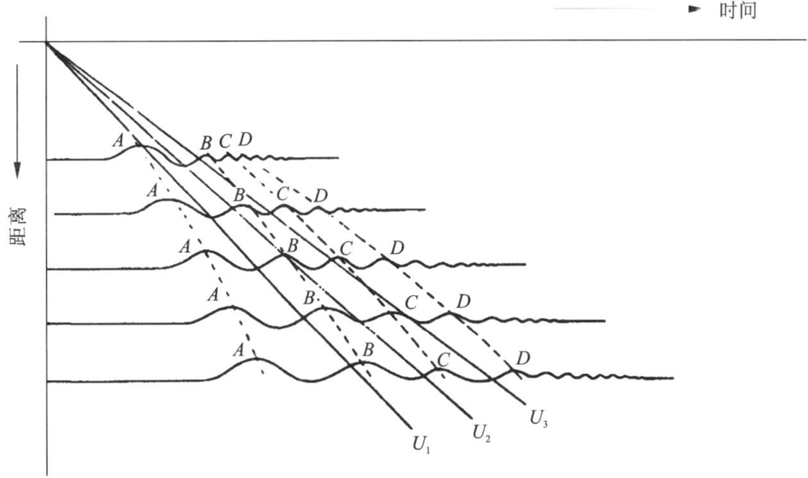

图 2.3　面波频散随传播距离变化的实例

其中，实线对应群速度，虚线对应相速度[159]

群速度和相速度的关系如下：

$$U(\omega)=\frac{\partial\omega}{\partial k}=\frac{\partial(kc)}{\partial k}=c(\omega)+k\frac{\partial c(\omega)}{\partial k} \tag{2.2.1}$$

式中：ω 为角频率；k 为波数；c 为相速度；U 为群速度。

由此可见，面波频散是根据面波信号的运动学及动力学特征定义的，在本质上并不是介质的物理参数，而只是介质物理参数的一种地震学响应。

2.2.2 面波频散对介质参数的敏感

面波频散与介质参数和结构的关系主要体现在面波的频散方程中，前人对半无限空间弹性介质自由表面瑞利面波的频散方程和两层半无限弹性介质中洛夫波的频散方程作了详细介绍[154, 158, 160-162]。多层介质地震波的计算方法是从 20 世纪 50 年代发展起来的，Thomson[163] 最先用矩阵方法解决了体波的计算，Haskell[88] 将其改进并推广到面波的计算，并用矩阵法导出了面波频散方程。Haskell 方法在层矩阵计算中很容易出现计算精度低、计算精度损失和溢出现象。Knopoff[164] 讨论了混合的 Thomson - Haskell 方法，并于 1970 年在计算机上实现了该算法。随着计算机性能的快速提高，该方法已经被广泛应用于面波分析，并被证实是一种有效计算各阶面波频散的方法。Schwab 和 Knopoff[165] 以及 Panza[166] 通过改写矩阵并对其作了归一化处理以及最小层厚的设计，最终给出了一种既能计算较高频率又不丢失精度的快速算法。考虑到多层介质中面波频散方程具体表达的复杂性，这里将 N 层各向同性弹性介质的面波频散方程简单表述为以下一般形式：

$$f(U, T, e_i, H_i)=0 \text{ 或 } f(c, T, e_i, H_i)=0 \tag{2.2.2}$$

式中：i 表示层号，$i=1, 2, 3, \cdots, N$；U 为群速度；c 为相速度；T 为周期；e_i 为第 i 层介质的弹性参数，对瑞利波来说是指 S 波速度、P 波速度和密度，对洛夫波来说是指 S 波速度和密度；H_i 为第 i 层介质的厚度。从式(2.2.2)所示的频散方程中可以看出一定周期的频散是介质的厚度和弹性参数的函数。这是利用面波频散来反演地下介质参数和地球内部构造的理论依据。

为了进一步探讨面波频散对介质参数的敏感程度，在弹性半空间介质之上，构建了由沉积层、上地壳和下地壳组成的三层地壳模型，利用 Thomson - Haskell 传播矩阵方法获得相应的理论频散，在此基础上使用数值方法计算了群速度及相速度对介质的不同弹性参数的偏导数[167]，如图 2.4 所示。

图 2.4 中结果表明：

(1)面波的群速度和相速度对一定深度范围内的介质参数变化比较敏感，其穿透深度随周期的增大(或频率的降低)而加深。

(2)瑞利面波群速度或相速度对不同弹性参数的敏感程度不同，最敏感的是 S 波速度 β，其次是密度 ρ，最后是 P 波速度 α，但是浅层 α 的影响要大于深层 α 的影响。

(3)洛夫面波对 β 很敏感，对 ρ 不敏感，与 α 无关。

(4)对同一周期而言，群速度比相速度对浅层更敏感。

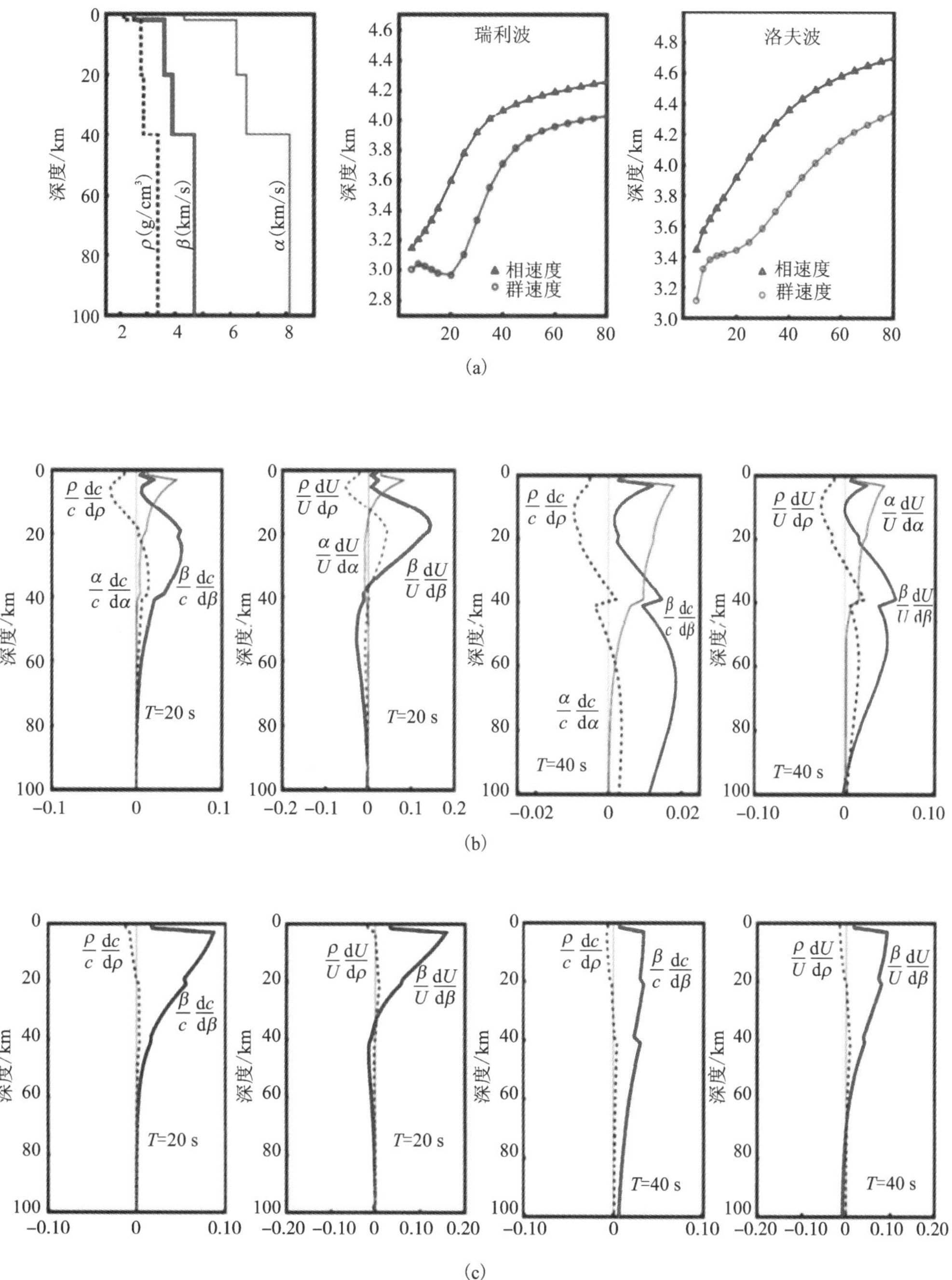

图 2.4　面波频散对介质参数的敏感性[167]

(5)群速度对介质参数变化的敏感要比相速度更强一些。

(6)对不同周期，瑞利波偏导数核函数总比洛夫波偏导数核函数完整，说明瑞利波对不同深度的介质参数变化的敏感程度要比洛夫波强。

2.2.3 面波频散的提取方法

面波是一种在地球表面附近传播的地震波，在传播过程中携带了大量的地壳上地幔介质属性信息，尤其在海洋或难以达到的大陆地区，通过提取地震面波中的频散信息，可进而研究复杂的地球速度结构。面波频散根据所使用的面波信息不同，可分成群速度频散和相速度频散。

相速度频散的主要研究方法有单台法、双台互相关法、双事件法和波形反演法等。单台法、双事件法和波形反演方法都需要确定震源激发的面波初始相位，通常使用 Harvard CMT(centroid moment tensor)参数来计算震源的面波初始相位，波形反演方法还需要利用 CMT 参数来计算合成地震波形。此外，单台法、双事件法和波形反演方法提取相速度频散时，除了会有难以避免的结构误差外，还有源项误差，尤其是由震中定位不准确性所引起的误差[168]。波形反演方法提取相速度频散具有高度的非线性，且计算量非常大，因为在短周期(35 s 以下)部分存在很难分辨的 2π 相移，因此对于短周期地震记录，利用波形反演方法得到的相速度频散误差很大。双台法的优点是可以扣除确定地震震中和发震时刻的误差，提高了确定面波频散的精度，在反演地壳上地幔 Q 结构时该方法还可以扣除震源辐射强度的影响；缺点是双台法对事件与台站的位置要求很严格(要求双台与事件几乎位于同一大圆路径上)，使得可获得的频散资料大大减少[169]。相对于相速度频散而言，群速度频散的提取要相对简单，而且对台站和事件的位置分布没有特殊的要求。

20 世纪 50 年代的面波频散测量主要基于峰谷法[89]，此外还有 Sato[90, 170 - 172]提出的傅里叶变换法。20 世纪 60 年代初，Alexander[91]最先把数值滤波技术应用于面波频散测量中，Pilant 和 Knopoff[92]首先使用时变滤波方法测量相速度。60 年代后期发展的方法都是在快速 Fourier 变换和数值滤波的基础上发展起来的。Landisman 等[94]提出了移动窗分析法，Dziewonski 等[93]提出了多重滤波法(MFT)，由此建立了面波时频分析(FTAN)的基础。如果选择高斯函数为窗函数，可以证明移动窗分析法与多重滤波法是等价的。同时，在具体的滤波环节发展了不同的滤波器，如时变滤波器、常相对带宽滤波器、最佳带宽滤波器、残差滤波器、均等显示滤波器、时间域维纳滤波器、频率域维纳滤波器等，并形成了可对不同阶振型面波分离的适配滤波时频分析方法(PMF)[95]。该方法被国内外广泛使用。80 年代后，时频分析方法在理论上没有新的发展，主要集中在结果的显示上，并开发了相对成熟的软件[173, 174]。在时频分析中，多重滤波法是核心，是以上各种方法的基础。时频分析方法不仅可用于群速度、相速度的测量，还可应用于面波的偏振分析[175]。

本研究中采用多重滤波方法测量瑞利面波群速度频散曲线[93, 173, 174]。多重滤波的核心是使用中心频率为 ω_n 的高斯无相移带通滤波器在频率域对地震记录进行滤波，经 Fourier 反变换到时域后认为最大振幅的到时就是该频率群速度波包的到时[175]，具体过程如下：

假设选定时间段（该时间段包含所要提取的频散信息）的地震信号为 $f(t)$，Fourier 变换后为 $F(\omega)$，设中心频率为 ω_n 的高斯滤波器为：

$$H_n(\omega) = \exp\left[-\alpha\left(\frac{\omega-\omega_n}{\omega_n}\right)^2\right] \quad (\omega>0) \tag{2.2.3}$$

式中：α 是控制滤波器带宽的滤波参数，α 越大，带宽越小。

因为无相移带通滤波器必须是共轭对称的才能保证滤波后的时域信号是实数，所以无相移的高斯带通滤波器应该为如下形式：

$$H_n(\omega) = \exp\left[-\alpha\left(\frac{\omega-\omega_n}{\omega_n}\right)^2\right] + \exp\left[-\alpha\left(\frac{\omega+\omega_n}{\omega_n}\right)^2\right] \tag{2.2.4}$$

频率域的地震记录 $F(\omega)$ 经过式(2.2.4)滤波后得：

$$F(\omega_n, t) = \frac{1}{2\pi}\int_{-\infty}^{\infty} f(\omega)\left\{\exp\left[-\alpha\left(\frac{\omega-\omega_n}{\omega_n}\right)^2\right] + \exp\left[-\alpha\left(\frac{\omega+\omega_n}{\omega_n}\right)^2\right]\right\}e^{-i\omega}d\omega \tag{2.2.5}$$

其 Hilbert 变换为：

$$\overline{F}(\omega_n, t) = \frac{1}{2\pi}\int_{-\infty}^{\infty} f(\omega)(-i\sin\omega)\left\{\exp\left[-\alpha\left(\frac{\omega-\omega_n}{\omega_n}\right)^2\right] + \exp\left[-\alpha\left(\frac{\omega+\omega_n}{\omega_n}\right)^2\right]\right\}e^{-i\omega}d\omega \tag{2.2.6}$$

定义解析函数：

$$S_n(\omega_n, t) = F(\omega_n, t) + \overline{F}(\omega_n, t) \tag{2.2.7}$$

由式(2.2.6)～(2.2.7)得：

$$S_n(\omega_n, t) = \frac{1}{\pi}\int_{0}^{\infty} f(\omega)(-i\sin\omega)\left\{\exp\left[-\alpha\left(\frac{\omega-\omega_n}{\omega_n}\right)^2\right] + \exp\left[-\alpha\left(\frac{\omega+\omega_n}{\omega_n}\right)^2\right]\right\}e^{-i\omega}d\omega \tag{2.2.8}$$

滤波后的时间函数 $F(\omega_n, t)$ 的包络为：

$$A_n(t) = \{[\mathrm{Re}\,S_n(\omega_n, t)]^2 + [\mathrm{Im}\,S_n(\omega_n, t)]^2\}^{\frac{1}{2}} \tag{2.2.9}$$

瞬态相位为：

$$\varphi_n(t)=\tan^{-1}\frac{\mathrm{Im}[S_n(\omega_n,\ t)]}{\mathrm{Re}[S_n(\omega_n,\ t)]} \tag{2.2.10}$$

视频率为：

$$\Omega_n(t)=\frac{\partial}{\partial t}\varphi_n(t) \tag{2.2.11}$$

对于所有的 ω_n，自动搜索与包络 $A_n(t)$ 最大振幅相对应的群走时 $t_{gr}(\omega_n)$，便可得到群走时曲线，因而群速度频散曲线 $t_{gr}(\Omega_n)$ 可表示为：

$$U(\omega)=\frac{\Delta}{t_{gr}(\omega)} \tag{2.2.12}$$

式中：Δ 是震中距，不同周期的群速度值 $t_{gr}(\omega)$ 可通过对 $t_{gr}(\Omega_n)$ 插值得到，最终在以周期－群速度为坐标的时频分析图上测量得到群速度频散曲线。

2.3 面波频散层析成像的基本原理

本书采用传统的网格频散反演方法，也称两步法，即需要经过两次反演才能获得研究区域的地球内部结构。第一次反演是在获得研究区域混合路径频散的基础上，将研究区域按网格划分，反演获得各个周期群速度的二维分布，从而获得每个网格单元的纯路径频散；第二次反演是基于获得的每个网格单元的纯路径频散，反演得到每个网格单元下方的 S 波速度结构。

2.3.1 纯路径频散反演

面波层析成像的传统方法一般假定面波绕地球沿大圆路径传播。根据费马原理，在几何光学近似和一阶扰动理论情况下，大圆路径的假定对弱横向不均匀介质是正确的，因此在对研究区域进行网格化时，可将每个网格单元看作是横向均匀的，即单元内部具有相同的纯路径频散值[176]。将研究区域划分为 n 个网格单元，对于第 i 条射线路径，周期为 T 的面波从震源 s 到接收点 r 的时间可表示为在每段路径上的走时之和：

$$t_i=\int_r^s\frac{\mathrm{d}s}{v(\theta,\ \varphi)} \tag{2.3.1}$$

式中：$v(\theta,\ \varphi)$ 为周期 T 的面波的局部群速度；$\mathrm{d}s$ 为路径上的线元，在弱横向非均匀的假定下，有：

$$v(\theta,\ \varphi)=v_0+\Delta v(\theta,\ \varphi) \tag{2.3.2}$$

式中：v_0 为周期为 T 的面波的参考群速度；$\Delta v(\theta,\ \varphi)$ 为介质横向非均匀引起的速度扰动，即 $|\Delta v(\theta,\ \varphi)/v_0|\ll 1$，于是相对参考模型的走时残差 $\Delta t_i=t_i^{obs}-t_i^{cal}$ 可根

据 Taylor 展开式写成：

$$\Delta t_i = -\frac{1}{v_0}\int_r^s \frac{\Delta v(\theta, \varphi)}{v_0}\mathrm{d}s \tag{2.3.3}$$

假定第 i 条射线共穿过 n 个网格单元，在介质是横向均匀的假设下，$\frac{\Delta v(\theta, \varphi)}{v_0}$ 在网格内可视为常数，于是式(2.3.3)可写成求和形式：

$$\Delta t_i = \sum_{j=1}^{n} \left| -\frac{\Delta v}{v_0{}^2} \right| d_{ij} \tag{2.3.4}$$

式中：d_{ij} 表示第 i 条射线在第 j 个网格单元中的路径长度。

假定有 m 条地震射线路径，式(2.3.4)可写成矩阵形式：

$$[\boldsymbol{b}]_{m\times 1} = [\boldsymbol{A}]_{m\times n} \cdot [\boldsymbol{x}]_{n\times 1} \tag{2.3.5}$$

式中：$\boldsymbol{b}$ 是走时残差向量；$\boldsymbol{A}$ 为路径长度稀疏矩阵；$\boldsymbol{x}$ 为待求的与每个网格单元有关的速度扰动组成的模型向量。

利用阻尼最小二乘(LSQR)、奇异值分解法(SVD)或共轭梯度法(CG)等求解大型稀疏矩阵方程组的方法可求解式(2.3.5)的方程组，从而求得周期为 T 的每个网格单元的群速度值，推广到所有周期，最终可得到每个网格单元的纯路径频散。本书采用 SVD 方法进行纯频散反演，具体的反演流程如图 2.5 所示。

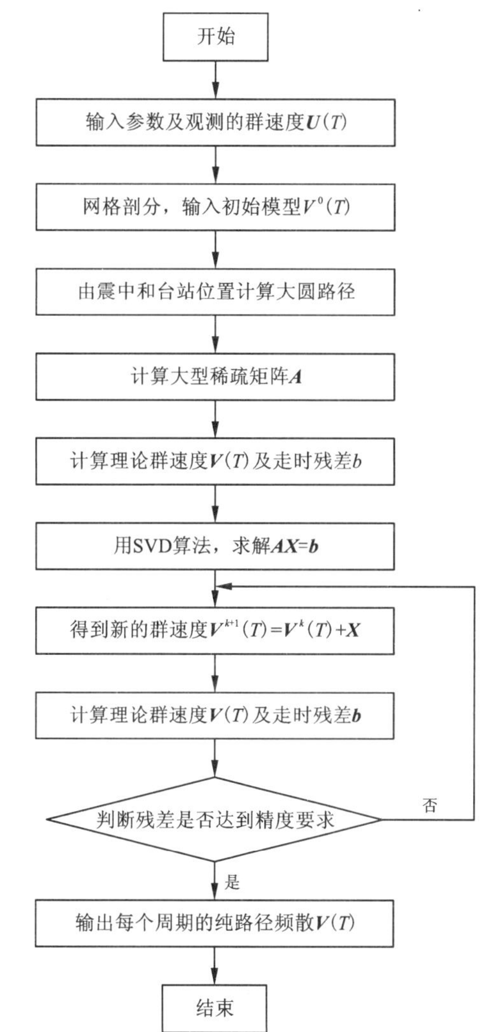

图 2.5 纯路径频散反演流程图

2.3.2 S波速度结构反演

假设已反演获得某个网格单元对应的 m 个周期的纯路径频散数据，其向量形式可表示为：

$$\boldsymbol{y}^{obs}=(y_1^{obs}, y_2^{obs}, \cdots, y_m^{obs})^{T} \tag{2.3.6}$$

用 n 个离散的物理参数来表示待求的地球模型，其向量形式可表示为：

$$\boldsymbol{x}=(x_1, x_2, \cdots, x_n)^{T} \tag{2.3.7}$$

式(2.3.6)和式(2.3.7)所示的向量也称为观测数据向量和模型向量。

在给定初始模型$\boldsymbol{x}_o$下，通过传播矩阵法[88]等正演算法可获得与初始模型相应的一组理论纯路径频散数据，其向量形式可表示为：

$$\boldsymbol{y}^{cal}(\boldsymbol{x}_o)=(y_1^{cal}(\boldsymbol{x}_o), y_2^{cal}(\boldsymbol{x}_o), \cdots, y_m^{cal}(\boldsymbol{x}_o))^{T} \tag{2.3.8}$$

对纯频散数据在初始模型$\boldsymbol{x}_o$处进行一阶泰勒展开，略去高阶项可得：

$$\begin{aligned}\boldsymbol{y}_1^{cal}(\boldsymbol{x}) &= \boldsymbol{y}_1^{cal}(\boldsymbol{x}_o)+\sum_{j=1}^{n}\left(\frac{\partial \boldsymbol{y}_1^{cal}}{\partial x_j}\right)_{\boldsymbol{x}_o}\Delta x_j\\ \boldsymbol{y}_2^{cal}(\boldsymbol{x}) &= \boldsymbol{y}_2^{cal}(\boldsymbol{x}_o)+\sum_{j=1}^{n}\left(\frac{\partial \boldsymbol{y}_2^{cal}}{\partial x_j}\right)_{\boldsymbol{x}_o}\Delta x_j\\ \boldsymbol{y}_m^{cal}(\boldsymbol{x}) &= \boldsymbol{y}_m^{cal}(\boldsymbol{x}_o)+\sum_{j=1}^{n}\left(\frac{\partial \boldsymbol{y}_m^{cal}}{\partial x_j}\right)_{\boldsymbol{x}_o}\Delta x_j\end{aligned} \tag{2.3.9}$$

其矩阵形式可写成：

$$\boldsymbol{y}^{cal}(\boldsymbol{x})=\boldsymbol{y}^{cal}(\boldsymbol{x}_o)+\boldsymbol{A}\Delta\boldsymbol{x} \tag{2.3.10}$$

式中：$\boldsymbol{A}$ 为偏导数矩阵(Jacobi 矩阵)，其元素是频散对模型参数的偏导数；$\Delta\boldsymbol{x}$ 是模型向量的修正量，于是，残差向量 $\boldsymbol{\varepsilon}(\boldsymbol{x})$ 可写成：

$$\boldsymbol{\varepsilon}(\boldsymbol{x})=\boldsymbol{y}^{obs}-\boldsymbol{y}^{cal}(\boldsymbol{x})=\boldsymbol{y}^{obs}-\boldsymbol{y}^{cal}(\boldsymbol{x}_o)-\boldsymbol{A}\Delta\boldsymbol{x} \tag{2.3.11}$$

假设向量 $\boldsymbol{b}=\boldsymbol{y}^{obs}-\boldsymbol{y}^{cal}(\boldsymbol{x}_o)$ 表示观测值与初始模型理论计算值之差，代入式(2.3.11)则有：

$$\boldsymbol{b}-\boldsymbol{\varepsilon}(\boldsymbol{x})=\boldsymbol{A}\Delta\boldsymbol{x} \tag{2.3.12}$$

反演的目的就是寻找模型向量 $\boldsymbol{x}$，使得残差向量 $\boldsymbol{\varepsilon}(\boldsymbol{x})$ 趋近于零，从而将一个非线性反演问题转化为一个逐次迭代的线性问题，即：

$$[\boldsymbol{b}]_{m\times 1}=[\boldsymbol{A}]_{m\times n}\cdot[\boldsymbol{x}]_{n\times 1} \tag{2.3.13}$$

式中：$\boldsymbol{b}$ 是第一步反演得到的纯路径频散与给定初始模型相应的理论计算频散之差；$\boldsymbol{A}$ 为偏导数矩阵；$\boldsymbol{x}$ 为模型扰动向量。利用类似方程组(2.3.5)的求解方法，可获得每个网格单元下方的模型参数。本研究中使用 LSQR 方法来反演获得最终的剪切波速度模型，具体的反演流程图如图 2.6 所示。

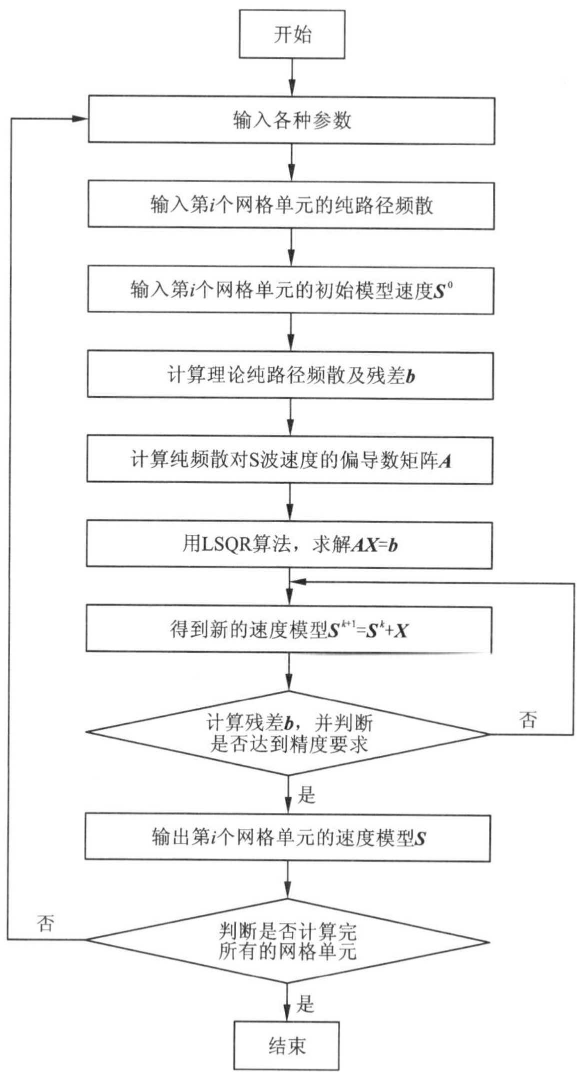

图 2.6　S 波速度结构反演流程图

第3章　华南及南海北部地区面波层析成像研究

3.1　华南地区的研究背景

华南地区主要是指秦岭－大别造山带以南、青藏高原以东中国南部的大陆及邻海区域。主体是由扬子块体和华夏块体两个微板块在新元古代晚期碰撞拼合形成的[1, 2]。自中、新元古代以来，长期处于全球超大陆聚散与南北大陆离散拼合的交接转换地带；在现代全球板块构造演化格局中，自中新生代以来该区处在全球现今三大重要板块的汇聚拼合部位，遭遇到西太平洋板块西向俯冲、青藏高原形成，以及印－澳板块北向差异运动的夹持[12]，这一系列的动力学过程导致华南地区形成现今复杂的基本面貌。Zhao[24]认为，新元古代早期在扬子和华夏古微板块碰撞和拼合过程中，两个古板块之间的大洋板块发生双向离散俯冲，最终形成雪峰山造山带。张国伟等[12]认为，华南大陆构造中最为引人注目特征之一是早古生代华南大陆东部的陆内造山和西部克拉通的并行演化体制，而雪峰山造山带恰恰位于这两种体制发生过渡和转换的关键部位。

地壳上地幔结构研究可以刻画造山带现今的深部结构特征，从而为研究华夏和扬子微板块的汇聚拼合以及进一步了解雪峰山造山带的构造属性提供重要约束。面波通常是远震记录中能量最强的部分，其携带着丰富的地壳上地幔结构信息。面波具有频散特性且不同周期的面波具有不同的穿透深度；同时，面波可在全球任何大陆或洋底传播，可以有效克服高山、沙漠、海域等特殊地区布设地震台站的困难。因此，利用面波资料研究大陆和海域的壳－幔速度结构和分层特征具有天然的优势。迄今为止，已有众多学者利用面波资料重建华南地区地壳上地幔结构[52, 73, 79, 83, 177]。这些研究工作促进和加深了对该地区壳－幔结构及动力学过程的认识。但由于早期地震台站分布稀疏且多为模拟地震记录，可供利用的基础数据数量与质量有限；另外，基于当时条件下的数据积累程度，科学目标和研究区域范围有别乃至不同研究结果之间均存在不同程度的差异。近年来，随着我国区域地震台网的不断建设和完善[178]，以及大量宽频带临时台阵的布设，从根本上提高了可供利用的地震资料的数量和质量，为进一步聚焦某些基本科学问题，开展相应的面波成像研究提供了有利条件。

为此，在综合利用广东、福建、台湾地区和南海周边（菲律宾、越南）固定地震台站数据的基础上，本书开展了华南大陆及南海北部地区瑞利面波层析成像研究，获得了华南大陆及南海北部地区 10 ~ 100 s 瑞利波群速度分布图像和典型剖面下方地壳上地幔速度结构，为理解该地区构造演化和深部过程，以及雪峰山造山带的构造属性提供了依据。

3.2　地震资料的来源与处理

3.2.1　地震资料的收集

在综合考虑华南及南海北部地区天然地震台站的实际分布情况以及地震面波传播特性的条件下，结合地震射线在研究区域的覆盖情况和对反演结果的影响，最终确定研究区域范围为东经 105° ~ 123°，北纬 16.5° ~ 30°。研究区域包括扬子块体、雪峰山造山带、华夏块体、南海北部陆缘地区以及南海中央海盆等地区（图 3.1）。

本书所利用的基础数据涉及 106 个宽频带数据地震台站（图 3.1），其中包括华南地区 94 个区域数字地震台站记录的 2007 年 1 月至 2010 年 12 月的波形数据以及 21 个 IRIS 固定地震台站记录的 1992 年 1 月至 2012 年 4 月的波形数据。地震事件包括 1992 年 1 月至 2012 年 4 月期间发生的 $M_s \geq 5.0$、震源深度小于 100 km 的中浅源地震，且震中距满足 500 ~ 3500 km。华南区域数字地震台网所记录的事件，震源参数来自中国地震台网中心（CDSN）发布的地震目录；而 IRIS 台站记录的事件，震源参数来自美国地质调查局/国家地震信息中心（USGS/NEIC）发布的地震目录。

3.2.2　数据预处理

地震资料的预处理主要包括对原始地震记录进行重采样、去除台站仪器响应、去均值、去倾斜分量、低通滤波、水平分量旋转以及时频分析等。三分量地震记录去除仪器响应后校正为地动位移，对其进行周期大于 5 s 的低通滤波，对垂向分量地震波形数据进行时频分析。最终，挑选出瑞利波发育良好、信噪比较高，且 10 ~ 100 s 周期范围内频散曲线连续可靠，且对研究区域形成相对均匀覆

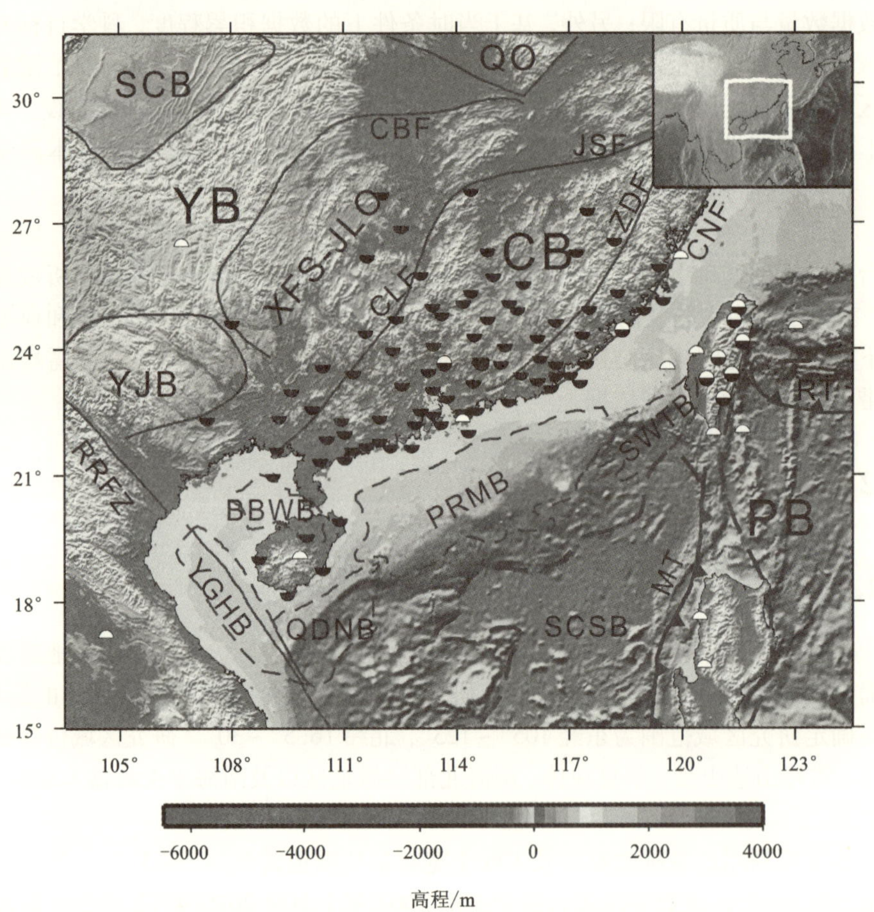

图 3.1 研究区大地构造背景及台站位置分布图

注：右上角白色方框表示研究区在东亚地区的位置，地质构造信息参考[11, 180, 208]。黑色下半圆：华南地区区域数字地震台站；白色上半圆：IRIS 固定地震台站。SCB：四川盆地；YJB：右江盆地；QO：秦岭造山带；XFS－JLO：雪峰山－九岭造山带；YB：扬子块体；CB：华夏块体；PB：菲律宾海板块；MT：马尼拉海沟；RT：琉球海沟；JSF：江山－绍兴断裂带；CLF：郴州－临武断裂带；CBF：慈利－保靖断裂；ZDF：政和－大浦断裂带；CNF：长乐－南澳断裂带；RRFZ：红河断裂带；YGHB：莺歌海盆地；BBWB：北部湾盆地；QDNB：琼东南盆地；PRMB：珠江口盆地；SWTB：台西南海盆；SCSB：南海海盆

盖的瑞利面波大圆射线路径 4483 条，涉及地震事件 1421 个。研究区域射线路径覆盖密度较高，绝大部分周期(10 ~ 80 s)射线路径数目超过 1200 条，20 ~ 30 s 周期对应的射线路径数目约 4500 条(图 3.2)，为研究地壳上地幔结构提供了基本数据保障。所选事件对应震中距范围为 500 ~ 3500 km，平均射线路径长度约 2000 km，与选定的研究区域(105°E ~ 123°E，16.5°N ~ 30°N)尺度相当(图 3.3)。部分周期(14 s、25 s、40 s、60 s)对应的瑞利面波射线覆盖情况如图 3.3 所示。

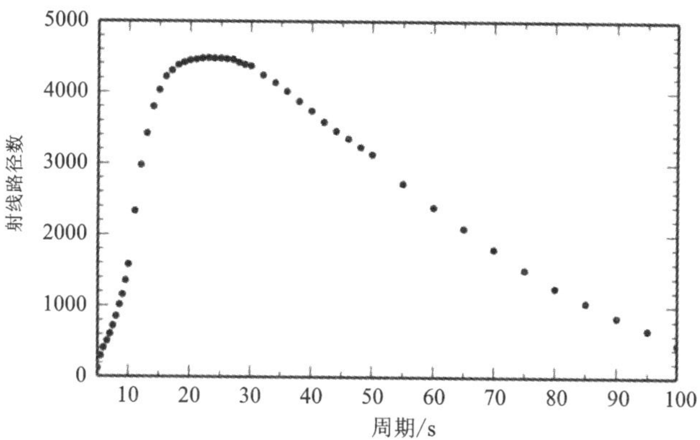

图 3.2　不同周期对应的射线路径数目

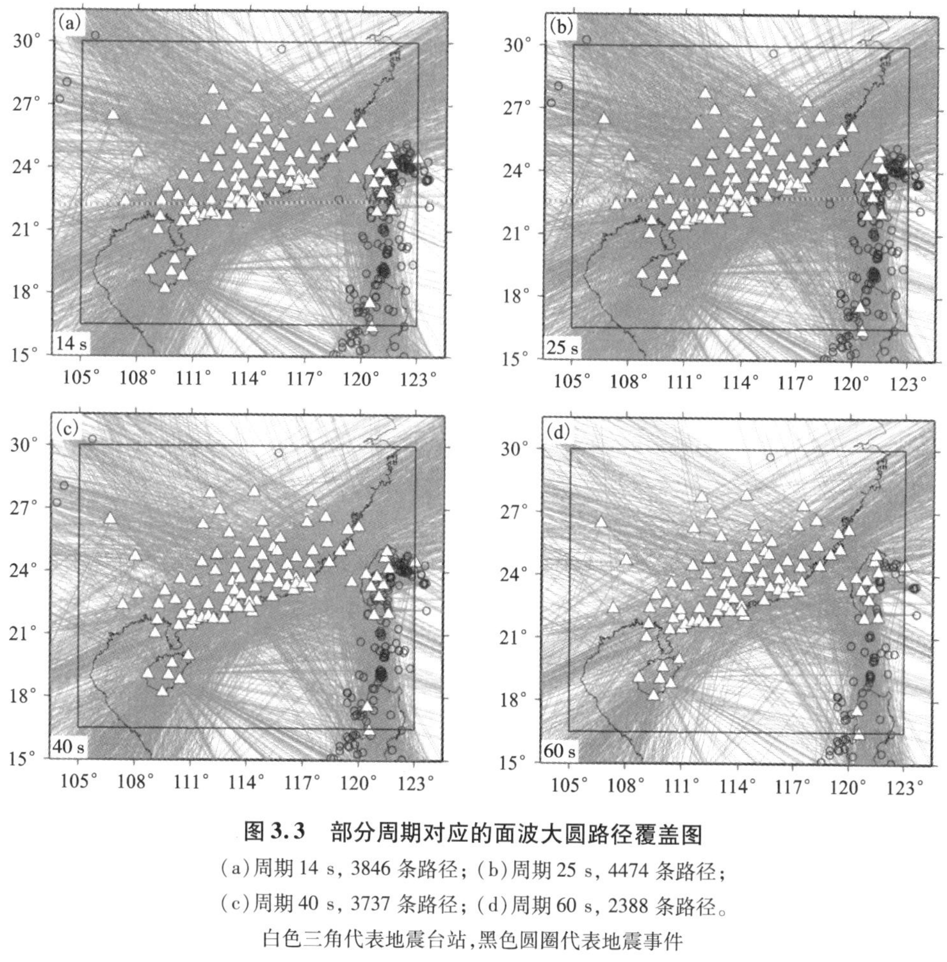

图 3.3　部分周期对应的面波大圆路径覆盖图

(a)周期 14 s, 3846 条路径; (b)周期 25 s, 4474 条路径;

(c)周期 40 s, 3737 条路径; (d)周期 60 s, 2388 条路径。

白色三角代表地震台站,黑色圆圈代表地震事件

3.2.3 频散分析

考虑到研究区域台站和事件的分布情况，本书采用时频分析(FTAN)方法获得混合路径频散曲线(即与特定射线路径对应的、不同周期面波的传播速度)。具体利用美国圣路易斯大学 Herrmann 教授开发的地震学代码(CPS)[179]中包含的时频分析软件(DO_MFT)逐一进行每条路径群速度频散曲线拾取(图 3.4)。该软件基于多重滤波方法提取频散曲线，基本原理如 2.2.3 节所述。

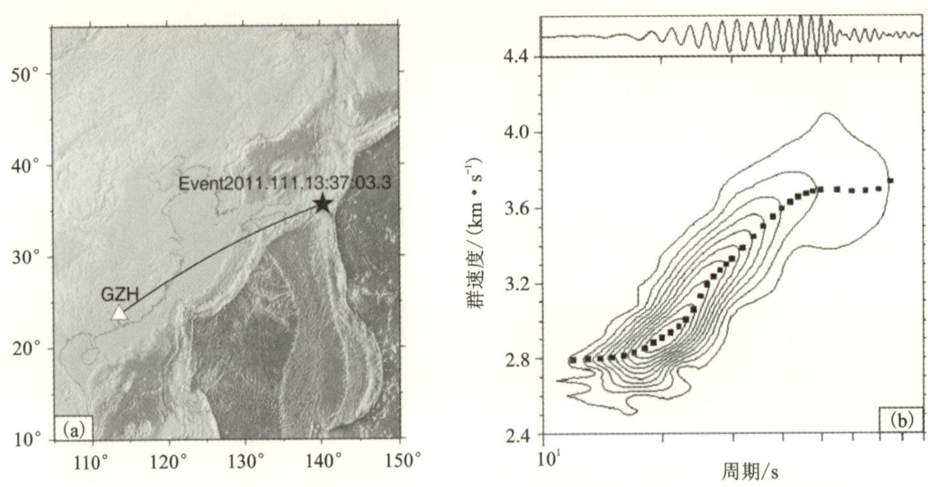

图 3.4 广州台(GZH)记录到的某个远震事件对应的瑞利波频散(基阶)

(a)台站－震源位置(震源位于东经 140.305°E，北纬 35.579°N，震源深度为 43 km，发震时间为国际标准时间 2011 年 4 月 21 日 13:37:03.300，震中距为 2886 km)；(b)基阶瑞利波群速度频散曲线，其中上图(曲线图)为经台站校正和滤波后的垂直分量信号，下图(等值线图)为对应的时频分析结果

其中使用的高斯带通滤波器为 $H_n(\omega) = \exp[-\alpha(\omega-\omega_n)^2/\omega_n{}^2]$，$\alpha$ 是控制滤波器带宽的滤波参数，对同一个面波信号，采用不同的 α 值会有不同的测量结果，即 α 越大，带宽越小，包含的频率成分少，会导致在时间序列上产生振荡，拉长信号分布范围；反之 α 越小，带宽越大，会包含很多其他频率的信号。这是由于时间域和频率域的分辨存在折衷，而 α 是折衷因子，为了能在时间域和频率域都得到较好分辨，对于不同震中距应选取不同的 α 值[179]。本书使用的地震事件的震中范围是 500～3500 km，当震中距为 500～1000 km 时，取 $\alpha=12.5$；当震中距为 1000～2000 km 时，取 $\alpha=25$；当震中距为 2000～3500 km 时，取 $\alpha=50$。分析结果表明，绝大多数的频散曲线在 10～100 s 的周期范围内是连续可靠的，尽管在更长周期上也有一定数目连续可靠的频散，考虑到所利用信息的数量及质量

对后续反演的影响，最终确定10~100 s周期范围作为本书后续处理利用的频段。图3.4展示的是广州台(GZH)记录的与西太平洋俯冲带一个远震事件对应的基阶面波进行时频分析后所提取的瑞利波群速度频散曲线。

3.3　不同网格划分方法的影响

分格频散反演过程中，一般采用平行于地球经纬线的方式将研究区域划分为均匀大小的网格单元，还可根据地震射线对不同网格单元的实际覆盖情况，进一步对射线覆盖稀疏的相邻网格单元进行合并，以保证网格单元内部的射线覆盖密度，从而保证反演结果的可靠性。平行经纬网的规则网格划分方法，与地球经纬度坐标系保持一致，可以带来诸多计算和处理上的方便，但在实际数据处理过程中，可能因为人为对研究区域的大尺度均匀分格，造成不同块体速度和结构特征差异上的人为平均。这种参数化过程中人为引入的平均效应在重要的块体边界或块体内部主要构造分界部位影响会更加明显。在先验地质构造信息的指导下，采用一定形式的非规则参数化方法，可以在一定程度上克服这种参数化过程中人为引入的平均效应，从而有利于对块体边界或主要构造边界的辨识。我国华南地区，特别是华夏块体内部的主要构造形迹，总体呈现北北东－南南西走向[61, 180, 181](图3.1)。为此，本书在模型参数化过程中采用两种网格剖分方案，即传统的平行经纬网的规则网格以及平行于北北东－南南西向主要构造线走向的非规则网格(斜网格)，分别对研究区域进行网格剖分；在此基础上，进行了不同周期的分格频散反演，最终获得不同参数化方案下的群速度图像。

3.3.1　非规则网格参数化方法

考虑到华南地区主要构造的展布特征[61, 180, 181]，本书采用平行于主构造走向的模型参数化方案。为计算方便起见，只需采用坐标变换的方法，将经纬度坐标系下的非规则网格(斜网格)变换为新坐标系下的规则网格(图3.5)，在新坐标系下进行规则网格反演，之后再把每个网格节点反变换回原坐标系即可。

坐标变换步骤如下：

1)球坐标系变换为直角坐标系

假定A为原球坐标系下某倾斜网格的中心点，(r, θ, φ)、(x, y, z)分别是A点的球坐标和直角坐标表示，利用式(3.3.1)将球坐标系转换为直角坐标系。

$$\begin{pmatrix} x \\ y \\ z \end{pmatrix} = \begin{pmatrix} r\sin\theta\cos\varphi \\ r\sin\theta\sin\varphi \\ r\cos\theta \end{pmatrix} \tag{3.3.1}$$

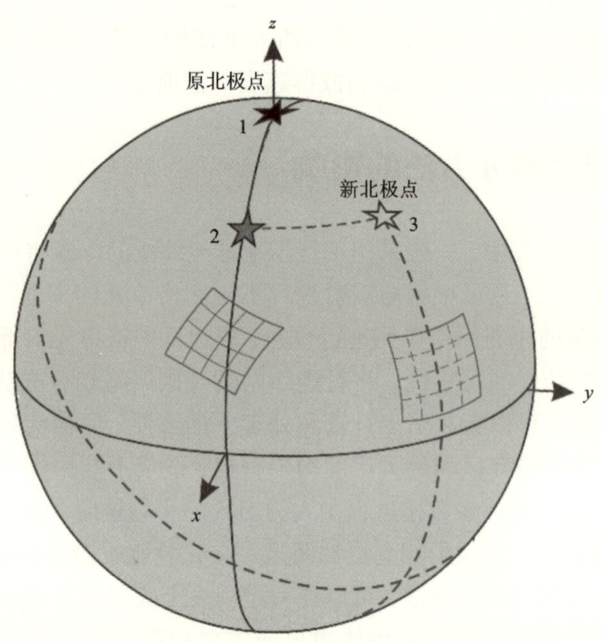

图 3.5　非规则网格变换示意图

2)直角坐标系下的坐标轴旋转

首先是绕 z 轴的旋转，即：

$$\begin{pmatrix} x' \\ y' \\ z' \end{pmatrix} = \begin{pmatrix} \cos\varphi_0 & \sin\varphi_0 & 0 \\ -\sin\varphi_0 & \cos\varphi_0 & 0 \\ 0 & 0 & 1 \end{pmatrix} \begin{pmatrix} x \\ y \\ z \end{pmatrix} \tag{3.3.2}$$

然后是绕 y 轴的旋转，公式如式(3.3.3)所示：

$$\begin{aligned} \begin{pmatrix} x'' \\ y'' \\ z'' \end{pmatrix} &= \begin{pmatrix} \cos\theta_0 & 0 & -\sin\theta_0 \\ 0 & 1 & 0 \\ \sin\theta_0 & 0 & \cos\theta_0 \end{pmatrix} \begin{pmatrix} x' \\ y' \\ z' \end{pmatrix} \\ &= \begin{pmatrix} \cos\theta_0 & 0 & -\sin\theta_0 \\ 0 & 1 & 0 \\ \sin\theta_0 & 0 & \cos\theta_0 \end{pmatrix} \begin{pmatrix} \cos\varphi_0 & \sin\varphi_0 & 0 \\ -\sin\varphi_0 & \cos\varphi_0 & 0 \\ 0 & 0 & 1 \end{pmatrix} \begin{pmatrix} x \\ y \\ z \end{pmatrix} \end{aligned} \tag{3.3.3}$$

3)直角坐标系反变换为球坐标系

将旋转后的直角坐标系，再变换为新的球坐标，公式如式(3.3.4)所示：

$$\begin{pmatrix} r'' \\ \theta'' \\ \varphi'' \end{pmatrix} = \begin{pmatrix} \sqrt{(x''^2 + y''^2 + z''^2)} \\ \arccos(z''/r'') \\ \arctan(y''/x'') \end{pmatrix} \tag{3.3.4}$$

式中：$(r'', \theta'', \varphi'')$、$(x'', y'', z'')$分别是$A''$点（$A''$是$A$变换到新球坐标系的点）的球坐标、直角坐标表示。假设原坐标系下的北极点为$N_1(r, 0, 90)$，经过上述两次坐标旋转，得到了以$N_3(r, \theta_0, \varphi_0)$为新北极点的新球坐标系，在新坐标系下原来的非规则网格已变化为规则网格（图3.5）。

3.3.2　不同网格参数化方法的影响

理论上，在射线覆盖密度足够密集、方位足够均匀的情况下，只要网格单元大小合适，反演的结果并不会依赖于网格剖分的规则性。但在实际研究工作中，射线覆盖往往不够密集、射线方位也远不够均匀；这种情况下，不同的网格剖分方案不仅会在形式上表现出网格单元内部射线覆盖密度的变化，而且也会影响数据对模型的分辨能力。

根据地震射线对研究区域的实际覆盖情况，以及研究区域本身的几何尺度、射线路径的长度，作者采用1.5°×1.5°网格大小对研究区域进行剖分[167]。为了检验在当前射线覆盖条件下基本数据和反演方法对模型的分辨能力，进行了相应的检测板测试。

图3.6展示了两种不同网格划分方案对应的部分周期瑞利波射线路径在网格单元内部的覆盖情况。从图3.6可以直观看出，华南陆缘地带射线覆盖密度相对较高（25 s周期单个网格单元覆盖次数可平均达到约700次，50 s周期单个网格单元覆盖次数可平均达到约500次）；两种不同的网格剖分方案，对单个网格单元射线覆盖次数的影响并不明显，间接反映了本书所选用网格单元尺寸的适用性。

图3.7给出了两种不同网格划分方案对应的检测板测试结果（周期为40 s）。所给理论模型的平均速度为3.45 km/s，异常幅度范围为±7%。从图3.7中可以直观看出，无论采用哪种网格划分方案，整个研究区域均能得到较好的分辨；但采用非规则网格划分方案反演所得到的结果，在东南陆缘地带的分辨能力更强，且具较高分辨能力的网格分布面积更大，基本涵盖了整个华南陆缘地带。上述测试结果，不仅进一步说明了本书所选用网格单元尺寸的适用性，也说明了采用平行主构造线走向的网格划分方案，在减小参数化过程中人为引入的平均效应，提高主要构造边界分辨能力方面具有一定的实际效果。

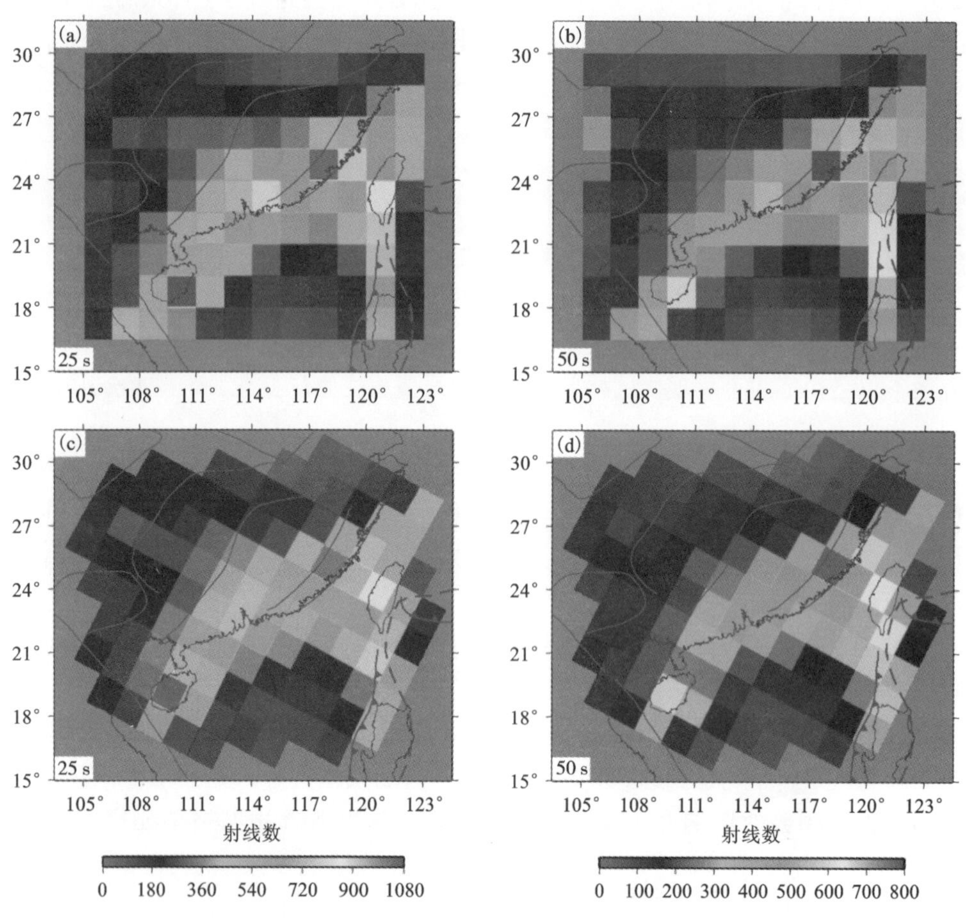

图 3.6　周期为 25 s(a)(c)、50 s(b)(d)的射线覆盖密度

(a)(b)对应规则网格；(c)(d)对应非规则网格

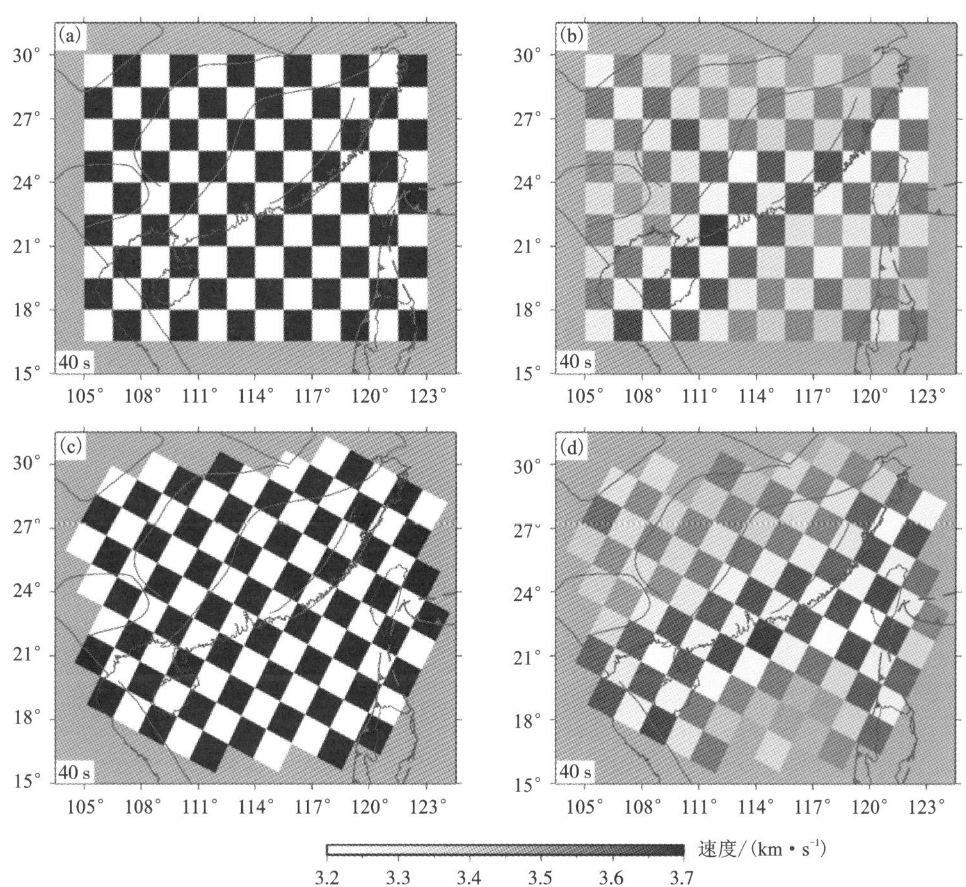

图 3.7　周期 40 s 射线覆盖条件下的检测板试验结果

左侧为输入模型,右侧为反演结果;(a)(b)对应规则网格,

(c)(d)对应非规则网格。理论模型的平均速度为 3.45 km/s, 异常幅度范围为 ±7%

3.4 反演及结果分析

本书利用分格频散反演方法计算获得每个网格单元的纯路径频散后，对同一周期面波频散在不同网格单元的群速度进行插值，最终得到研究区域不同周期的群速度图像。纯路径频散是基于混合路径频散直接反演得到的结果，是利用面波资料重建地球壳－幔结构的首要环节；相对后续的速度结构反演而言，是所谓“二步法”反演中的第一步，因而具有较高的可靠性[177]。某一周期的群速度图像反映的是某一深度范围内地球介质物性（主要包括波速、密度）和结构（主要包括界面）的横向变化响应。它所呈现的横向不均匀性以及随周期变化所呈现的纵向变化特征，对主要构造边界分布和块体深部结构构造研究有着重要的参考价值。在得到不同网格单元的群速度值之后，可以通过 S 波速度结构反演得到 S 波速度随深度的一维模型，最后将不同网格单元的 S 波速度－深度模型按一定规则拼接起来，即可得到研究区的三维 S 波速度结构。S 波速度结构反演是“二步法”反演中的第二步，依据 S 波速度同介质属性间的关系，通过分析得到 S 波速度的分布特征就能得到研究区的构造特征，从而为研究区域深部动力学过程提供更进一步的重要参考信息。

3.4.1 评价和检验

1）检测板试验

检测板试验能够在实际观测系统条件下，采用某一尺度的网格划分直观地反映研究区不同部位产生的分辨率影响。经过不同的网格大小试验，最后本书采用 1.5°×1.5°的网格对研究区进行网格剖分。根据纯频散网格频散反演获得的结果，最终确定理论模型的平均群速度值和速度扰动振幅，之后进行相应的检测板试验，获得了两种不同网格剖分方式下不同周期的测试结果。图3.7 为周期为40 s 时的测试结果，其中所给理论模型的平均速度为3.45 km/s，异常幅度范围为 ±7%。从图2.7 中可以直观看出，无论采用哪种网格划分方案，整个研究区的输入异常均能得到较好的分辨，包括扬子块体、雪峰山造山带、华夏块体、南海北部陆缘和南海海盆等的分辨能力都比较好，整体符合地震波射线路径覆盖情况；不过采用非规则划分方案反演所得到的结果，在东南陆缘地带的分辨能力更强，且具较高分辨能力的网格分布面积更大，基本涵盖了整个华南陆缘地带。总体而言，在现有资料覆盖情况下，使用本书所选用的网格尺度对绝大部分的研究区能保证良好的分辨率，从而说明选择现在的网格尺度进行几何网格划分是合理的。

2）分辨矩阵和协方差矩阵

回顾本书 2.3.1 节所述，纯路径频散反演问题最后归结为对式（2.3.5）的求解，即：

$$[\boldsymbol{b}]_{m\times 1}=[\boldsymbol{A}]_{m\times n}\cdot[\boldsymbol{x}]_{n\times 1} \tag{3.4.1}$$

式中：$\boldsymbol{b}$ 是走时残差向量；$\boldsymbol{A}$ 为路径长度稀疏矩阵；$\boldsymbol{x}$ 为待求的与每个网格单元有关的速度扰动组成的模型向量。式(3.4.1)的经典最小二乘解为：

$$\boldsymbol{x}=(\boldsymbol{A}^{\mathrm{T}}\boldsymbol{A})^{-1}\boldsymbol{A}^{\mathrm{T}}\boldsymbol{b} \tag{3.4.2}$$

一般情况下$(\boldsymbol{A}^{\mathrm{T}}\boldsymbol{A})$是奇异的，所以$(\boldsymbol{A}^{\mathrm{T}}\boldsymbol{A})^{-1}$并不存在，方程(3.4.1)并不能得到式(3.4.2)的最小二乘解，于是，反演问题转化为：

$$\|\boldsymbol{Ax}-\boldsymbol{b}\|^2+\sigma^2\ \|\boldsymbol{x}\|^2=\min \tag{3.4.3}$$

其中为 σ 阻尼因子，对反演的稳定性和迭代速度起控制作用。利用奇异值分解或 Lanczos 分解，引入参数矩阵 $\boldsymbol{A}=\boldsymbol{U\Lambda V}$，$\boldsymbol{A}^{\mathrm{T}}=\boldsymbol{V\Lambda U}^{\mathrm{T}}$，其中 $\boldsymbol{U}$，$\boldsymbol{V}$ 是特征向量，$\boldsymbol{\Lambda}$ 为对角阵，且满足$\boldsymbol{U}^{\mathrm{T}}\boldsymbol{U}=\boldsymbol{I}$，$\boldsymbol{V}^{\mathrm{T}}\boldsymbol{V}=\boldsymbol{I}$。然后利用 Lavenberg - Marquardt 广义反演：

$$\boldsymbol{x}=\boldsymbol{V}[\boldsymbol{\Lambda}^2+\sigma^2\boldsymbol{I}]^{-1}\boldsymbol{\Lambda U}^{\mathrm{T}}\boldsymbol{b}=\boldsymbol{Hb} \tag{3.4.4}$$

$$\boldsymbol{R}=\boldsymbol{V}[\boldsymbol{\Lambda}^2+\sigma^2\boldsymbol{I}]^{-1}\boldsymbol{\Lambda}^2\ \boldsymbol{V}^{\mathrm{T}} \tag{3.4.5}$$

$$\boldsymbol{C}=\boldsymbol{HH}^{\mathrm{T}}=\boldsymbol{V}[\boldsymbol{\Lambda}^2+\sigma^2\boldsymbol{I}]^{-1}\boldsymbol{\Lambda}^2\ [\Lambda^2+\sigma^2\boldsymbol{I}]^{-1}\boldsymbol{V}^{\mathrm{T}} \tag{3.4.6}$$

如果$\boldsymbol{A}$ 为非病态矩阵，$\sigma^2=0$，上述问题退化为经典最小二乘解，当阻尼因子取值较大时，可以增加迭代过程的稳定性。$\boldsymbol{R}$ 为(模型)分辨矩阵，反映反演得到的物理模型与真实模型的接近程度，$\boldsymbol{C}$ 为协方差矩阵，反映的是数据误差对解估计的影响程度。通过对分辨率矩阵和协方差矩阵的分析，可以实现对解的可靠评价。

根据式(3.4.5)和式(3.4.6)，可以求取纯路径频散反演相应解的分辨矩阵和协方差矩阵。图3.8 为单元中心位于113.25°E，26.25°N 的某网格单元，参考50 s 所对应的分辨率矩阵和协方差矩阵。可见面波的核函数在目标网格单元上方集中而突出，旁瓣低而平缓，其他网格单元的分辨情况类似该网格单元，说明本书所使用资料对目标单元解具有良好分辨能力和解对真值的最佳逼近。

3)深度敏感度核函数

某一周期的群速度所对应物性与结构变化响应的深度范围，可以通过计算该地区的敏感核函数(sensitivity kernel)得到评估。为此本书运用 Herrmann[179] 软件包中的 surf96 程序计算了瑞利面波群速度对 S 波的偏微分。基于某网格单元(中心位于110.25°E，24.75°N)最终反演得到的速度模型，获得了相应的分辨核函数(图3.9)。由结果可知在200 km 以上的深度范围内具有很好的分辨核分布，其他网格有类似结果，只是分辨核函数对应的深度略有差别(因为各个网格单元的初始速度模型不同)。分辨核函数依赖于选取的阻尼因子，在一个平滑的反演中，分辨核是非对称的(图3.9)，说明本书选取的阻尼因子比较合适。

此外，基于华南地区的平均速度模型[81][图3.10(a)]，获得了基阶瑞利面波

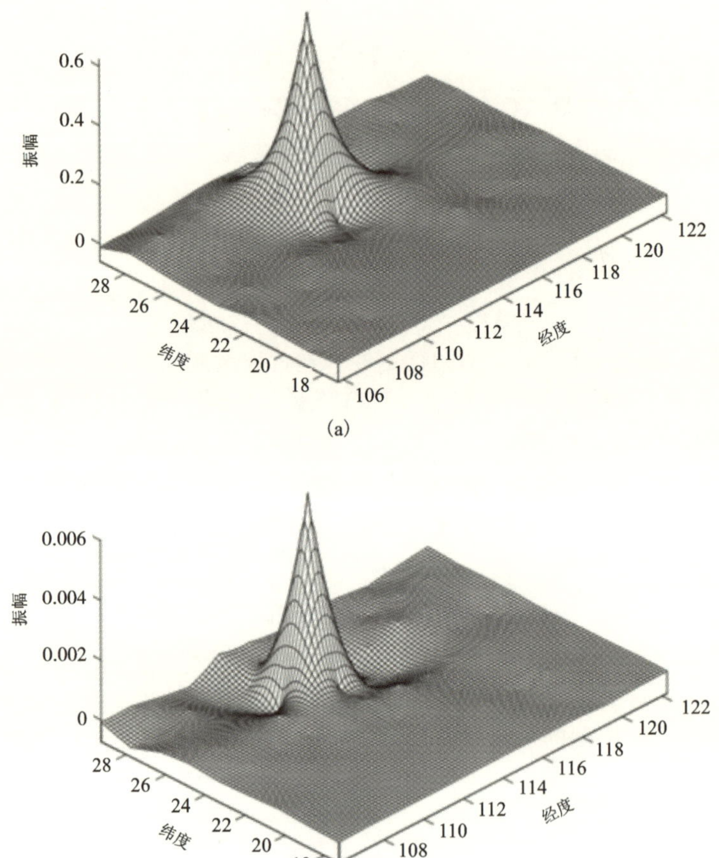

图 3.8 分辨矩阵和协方差矩阵

(a)为分辨矩阵；(b)为协方差矩阵，网格中心位于 113.25°E，26.25°N

群速度对 S 波的深度敏感核函数[图 3.10(b)]。由图 3.10(b)可知，不同周期面波群速度频散对不同深度范围的 S 波速度结构反应敏感，短周期瑞利面波群速度的最敏感的深度范围比较窄，反映的深度较浅，如周期 10 s 和 20 s 的瑞利面波群速度分别对应 10 ~ 15 km 和 23 ~ 28 km；中长周期瑞利面波群速度的敏感深度范围较宽，如周期为 40 s 和 60 s 反映的深度范围分别为 30 ~ 80 km 和 60 ~ 120 km；长周期的群速度反映更大深度范围内的 S 波速度结构，如周期为 100 s 的群速度的敏感深度范围为 70 ~ 200 km。就本书所利用的周期范围(10 ~ 100 s)而言，小于 40 s 周期的频散即可保证对于整个地壳的良好分辨；最长周期 100 s 的敏感范围可达到 200 km 深度，可靠分辨范围接近 180 km 深度，从而总体上可保证对华南地区地壳和岩石圈尺度结构的较好分辨。

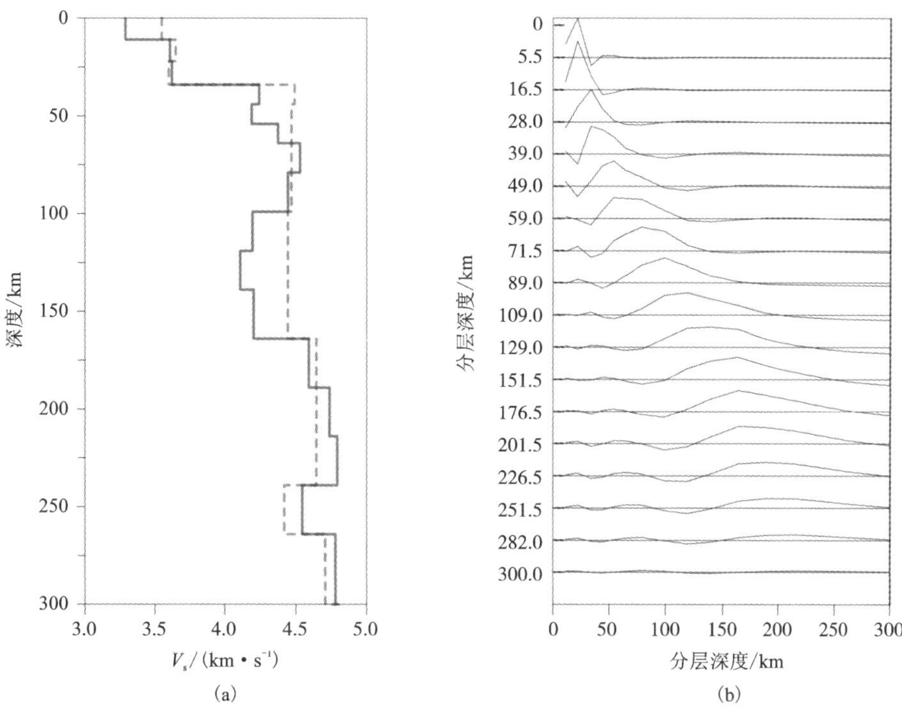

图 3.9　反演的速度模型和分辨核函数

(a)网格单元的初始速度模型(虚线)和最终反演得到的速度模型(实线);
(b)对应最终反演速度模型的分辨核函数,网格中心位于 110.25°E, 24.75°N

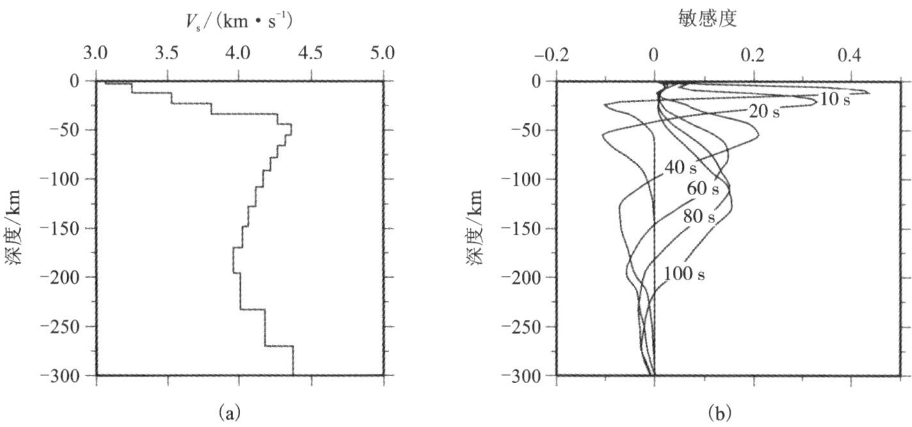

图 3.10　基阶瑞利面波群速度深度敏感度核函数

(a)华南地区的平均速度模型;(b)瑞利面波群速度在不同周期随深度变化的敏感核函数

3.4.2 纯路径频散反演结果

分格频散反演是把所研究的区域分成具有一定几何形状的网格单元，面波路径是由地震射线路径在一系列网格单元内的截距组成，分格频散反演的目的就是由混合路径频散反演获得每个网格单元的频散，即纯路径频散。本书利用基于奇异值分解(SVD)算法的分格频散反演方法进行瑞利波群速度层析成像[182]。考虑到各周期射线覆盖的总体情况，并通过检测板测试，选定1.5°×1.5°作为网格划分的单元尺寸；阻尼因子为0.3左右，迭代收敛残差小于0.01 km/s。

1)不同网格化方法对群速度图像的影响

通过对比两种不同网格化方法所对应的群速度图像(图3.11)，可以发现不同的网格化方法对最终的反演结果产生了一定的影响。特别是中短周期图像所对应的海陆过渡部位，通过对比14 s周期图像[图3.11(a)、图3.11(f)]中的低速异常形态，以及25 s周期图像[图3.11(b)、图3.11(g)]中的高速异常的形态，可以发现两种网格化方法反演的结果之间存在较明显的差异。其中，倾斜网格划分对应的反演图像异常的形态相对连续，且与浅表地质构造形态较为一致。因此，对比结果表明：一方面，在本书所能利用的射线覆盖条件下，采用平行主要构造走向的网格划分方法对反演结果能够起到了一定的改善作用；另一方面，在射线覆盖不尽理想、网格划分尺寸较大的情况下，应当注意不同的模型参数化方案对反演结果可能带来的潜在影响，关于异常体形态的讨论需谨慎对待。

2)不同周期的群速度分布特征

短周期(14 s)瑞利波群速度图像[图3.11(a)、图3.11(f)]主要受中上地壳尤其是沉积层的影响，反映的主要是地壳浅部的速度结构特征。南海北部陆缘盆地(如莺歌海盆地、北部湾盆地、珠江口盆地等)均表现为明显的低速异常，四川盆地南缘也显示为低速异常[76]，而扬子块体西南缘的右江盆地却没有明显异常显示，意味着显示为明显低速异常的陆缘盆地和陆内盆地沉积层厚度很大，而右江盆地的沉积层厚度要远远小于这些显示低速异常的盆地。除上述陆缘盆地外，整个陆缘地带也整体显示较低速度，而扬子块体和南海海盆明显对应高速异常。

中等周期(25 s)的群速度图像[图3.11(b)、图3.11(g)]主要受中下地壳S波速度和地壳厚度的影响，其主要特征表现为扬子块体低速、华夏块体速度中等、陆缘地带及南海海盆高速；扬子块体内部，西侧较东侧速度低。总体上体现了自北西向东南由内陆向深海区过渡的不同构造单元地壳厚度对中等周期群速度的影响特征[82, 83]。

40 s周期的群速度图像[图3.11(c)、图3.11(h)]，主要受下地壳和上地幔顶部速度的影响，图中的扬子块体西南缘仍显示明显的低速，指示扬子块体西南缘地壳厚度相对较厚，群速度响应仍主要局限于中下地壳层次；而南海北部高速区不断向北延伸，意味着该周期群速度响应已来自上地幔顶部。

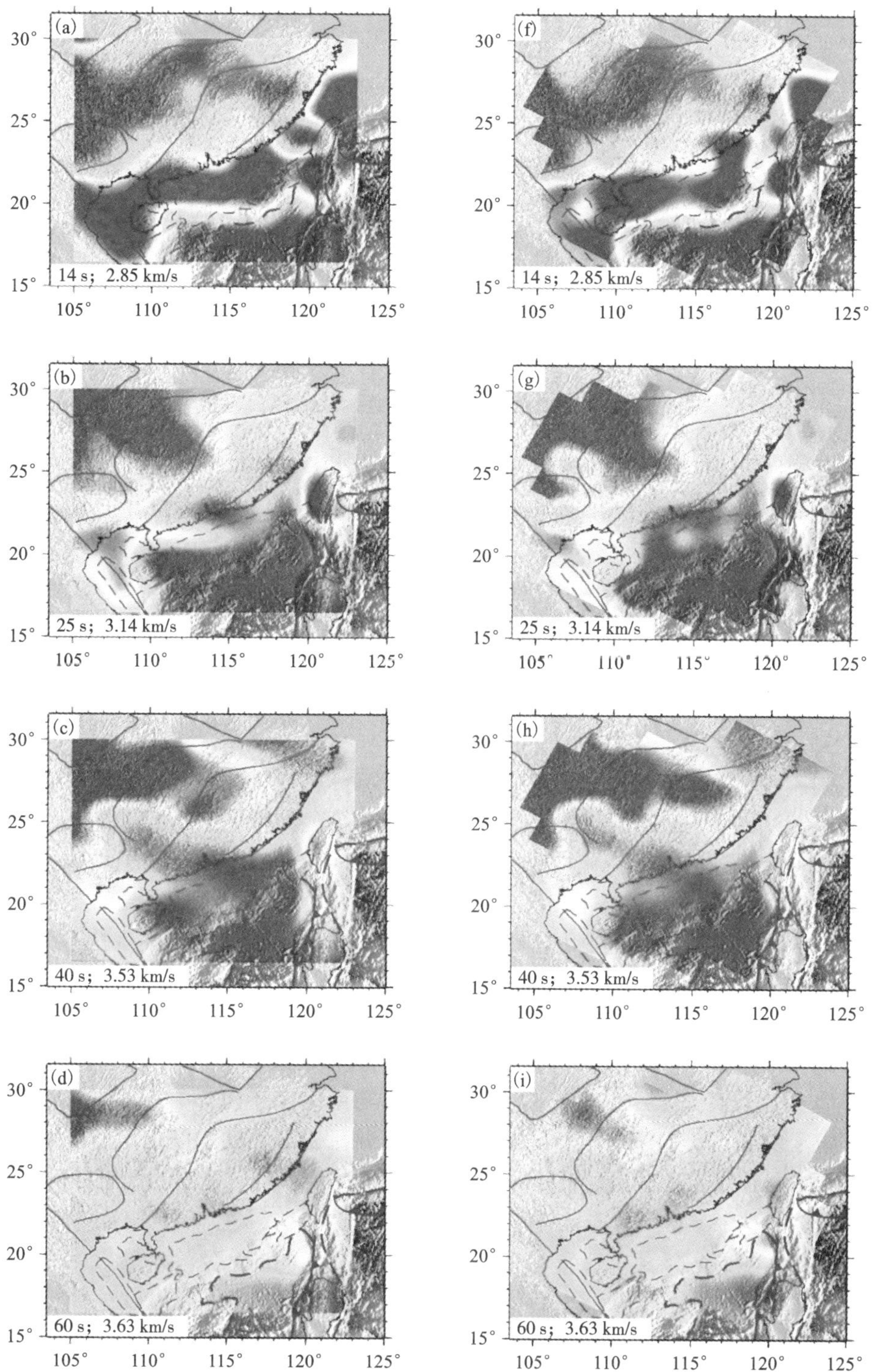
(a)
14 s; 2.85 km/s
(b)
25 s; 3.14 km/s
(c)
40 s; 3.53 km/s
(d)
60 s; 3.63 km/s
(f)
14 s; 2.85 km/s
(g)
25 s; 3.14 km/s
(h)
40 s; 3.53 km/s
(i)
60 s; 3.63 km/s
15°
20°
25°
30°
105°
110°
115°
120°
125°

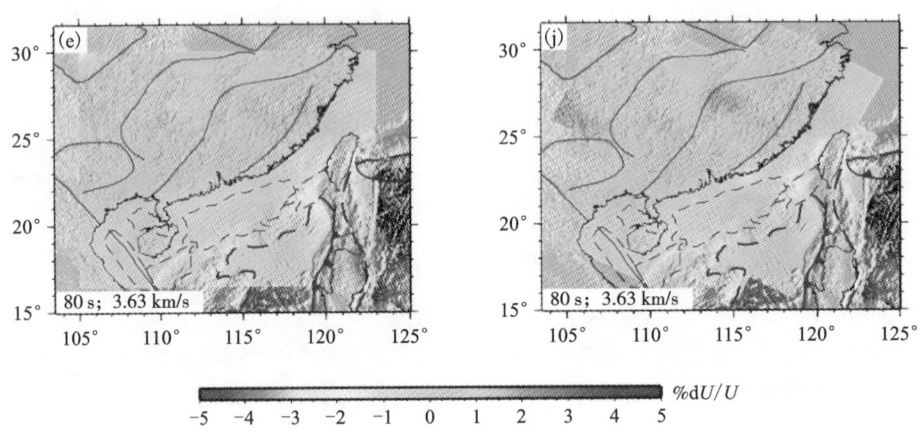

图 3.11　两种不同参数化方案对应的瑞利波群速度分布图像

（左列对应规则网格，右列对应倾斜网格）

大于 60 s 周期的群速度图像，主要受岩石圈地幔速度的影响。其中，60 s 周期的图像[图 3.11(d)、图 3.11(i)]，大部分地区均显示高速，尤其是南海海盆的高速仍清晰可辨；但 80 s 周期的图像[图 3.11(e)、图 3.11(j)]，仅扬子和华夏部分地区显示高速，意味着显示高速的地区岩石圈厚度相对较厚[76]。

3)不同构造单元的群速度特征

对不同构造单元的纯频散求取均值和方差可以得到如图 3.12 所示的平均频散曲线。从图 3.12 中可以发现不同构造单元的平均频散曲线差别比较大，反映了不同块体大致的速度变化特征。从频散曲线的基本形态来看，扬子块体的瑞利波频散曲线在 20 s 左右显示出艾里相(Airy Phase)，和平均大陆地壳的艾里相很接近；在短中周期群速度变化相对比较缓，而在长周期群速度基本维持不变，暗示扬子块体有比较厚的岩石圈，与前人的结果相符[83, 183]；扬子块体的频散曲线在 18 s 左右显示出艾利相，并且在短中周期的群速度变化比较快，与前人结果相符[83]，长周期出现一定的下降；而南海海盆的频散曲线没有出现艾里相，并且群速度起始比较高，然后迅速增加，随后下降，与南海属于海洋岩石圈，地壳比较薄的特征相符合，迅速增加表征岩石圈特征，并且岩石圈的厚度相对扬子块体要薄很多，且速度也比较高，60 s 以后的频散可能是反映其软流圈的低速特征[85]。

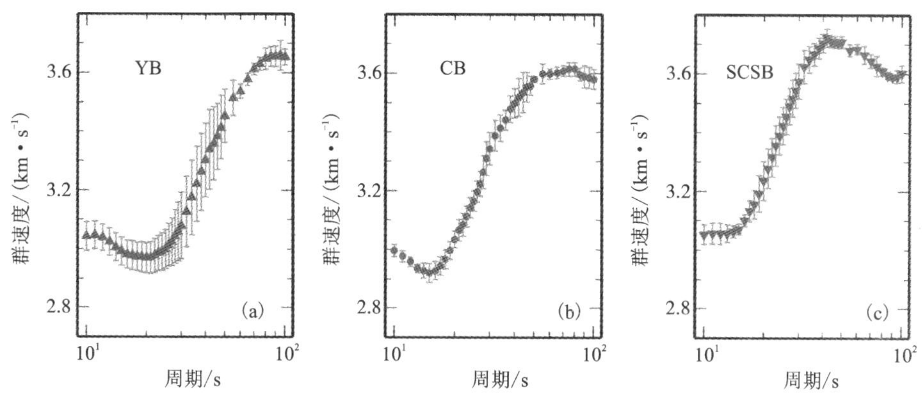

图3.12　不同构造单元的瑞利波平均频散曲线

(a)YB：扬子块体；(b)CB：华夏块体；(c)SCSB：南海海盆

3.4.3　S波速度结构反演结果

S波速度结构反演是在获得每个网格单元纯路径频散的基础上，反演获得每个网格单元沿深度方向的纵向S波速度结构，是"二步法"反演的第二步。在获得研究区每个网格单元下方不同深度的S波速度结构之后，本书对所有网格单元在横向和纵向上进行一定的插值，从而得到研究区下方的三维S波速度结构(图3.13、图3.15)，在此基础上对不同构造单元的S波速度结构特征进行对比分析，并且根据速度的分布特征对研究区莫霍面深度、岩石圈厚度等进行粗略的估计。

具体在S波速度结构反演中，作者使用的初始模型为弹性半空间的水平层状均匀模型，不同网格单元的层数略有差别。在具体反演过程中，参考CRUST 1.0[184]给定地壳初始速度模型；而上地幔初始速度模型，则参考PREM模型[185]给出：中、下地壳沉积厚度大于3 km的沉积层，莫霍面到100 km采用10 km的层厚，100 km以上的地幔采用20 km、25 km、30 km从浅到深变化的层厚，总计半空间层之上的模型总厚度为300 km。在反演中为了减少参与反演的参数个数，提高解的可靠性，作如下假定：①介质为泊松介质，即满足$V_p=1.732V_s$；②密度ρ和S波速度V_s遵循Nafe－Drake关系[186]；③反演时每层介质的层厚不变。采用阻尼最小二乘方法进行S波速度结构反演，结果表明在阻尼因子≤1.0的情况下，经历6次迭代即可得到比较满意的解。

1)S波速度的横向分布特征

图3.13所示为本书获得的研究区不同深度的SV波的速度结构在横向上的分布特征，可以看到S波速度随深度的变化特征与群速度随周期的变化特征非常相似。

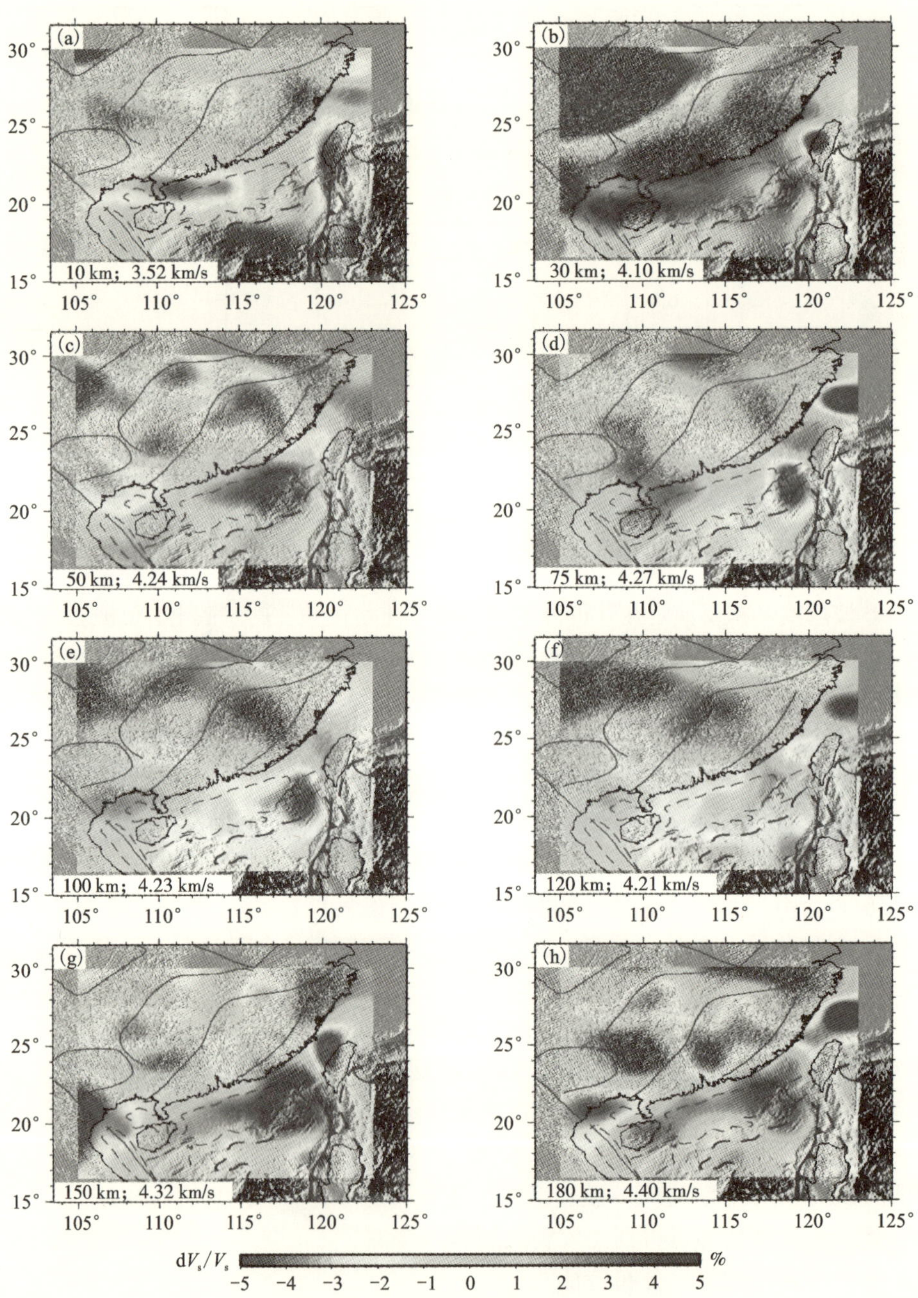

图 3.13　不同深度的 S 波速度结构特征

左下角标注的是切片的深度值和对应深度切片的参考速度

在10 km深度的速度图像上[图3.13(a)]，扬子块体和华夏块体整体表现出相对高的速度异常，南海北部陆缘盆地(如莺歌海盆地、北部湾盆地、珠江口盆地等)均表现为明显的低速异常，南海海盆表现为明显的高速异常，且速度分布很好地勾勒了海盆的轮廓，并且勾勒的范围比实际南海海盆的区域要大一些(图3.11中也能看到类似现象)，浅层较高的S波速度说明南海海盆具有洋壳性质。

在30~50 km深度的速度图像上[图3.13(b)、图3.13(c)]，扬子块体整体表现为较低的速度异常，华夏块体表现为较高的速度异常。这与黄忠贤和胥颐[81]只在青藏高原东缘表现较低的速度有差别，同时雪峰山造山带区域在50 km深度显示的较低速度相对于扬子地区较高的速度，可能与扬子块体的东西部存在差异有关[83]。

同时在这两个深度切片上，陆缘盆地和南海海盆表现出明显的高速异常，可能反映了南海海盆在中新世停止扩张、地幔物质已基本冷却的情况，沿着冲绳海槽、台湾海峡、巴士海峡、菲律宾群岛可大致看到一个线性的低速条带，与前人获得的结论相符[81]。与菲律宾板块沿着这一岛链下插到东海之下，在台湾海峡发生碰撞，南海向东俯冲，而菲律宾板块向西俯冲，在俯冲板片上方地幔热物质上升，引起火山、弧后扩张等现象有关，因而在上地幔顶部和地壳表现出显著的低速异常。

在75 km深度的速度图像[图3.13(d)]大体反演的是岩石圈厚度在75 km范围附近的展布情况，华南大陆整体表现为相对高的速度异常，雪峰山造山带的南北两侧出现不同的速度异常，华夏块体沿海地带表现相对的低速异常。陆缘盆地表现弱的负异常，较强的负的速度异常出现在南海海盆，说明整个南海海域的岩石圈厚度小于75 km。这与前人的观测一致[80, 81, 85]，但也有些观测结果认为南海的岩石圈厚度可达到85 km [84, 187]，也与姚伯初和万玲[71]指出的南海陆缘岩石圈厚度在70~80 km，以及在南海海盆岩石圈厚度则超过100 km的观点有很大差别。

在100~120 km深度的速度图像上[图3.13(e)、图3.13(f)]，扬子块体和华夏块体整体表现高速异常。这是由岩石圈厚度超过75 km导致的，而雪峰山造山带西南缘表现出一定的低速异常，可能跟雪峰山造山带内部发生的过渡和转换有关(图3.15)；红河断裂带表现相对低的速度异常，由于该区域位于研究区域边上，在此不做深入讨论；陆缘盆地和南海海盆整体表现为较低的速度异常，表征的是其软流圈的低速特征。

在150~180 km深度的速度图像上[图3.13(g)、图3.13(h)]，扬子块体和华夏块体整体表现为低速异常，说明已经进入软流圈部分；而陆缘盆地和南海海盆开始表现为相对高的速度异常，从陈立等[84]的观测中可看到类似的特征，但这与黄忠贤和胥颐[81]的在该区域的软流圈的低速异常可达到200 km以上深度的观测有明显差别。

2）S 波速度结构的纵向分布特征

为便于系统揭示华南地区内陆－大陆边缘－南海海盆的地壳上地幔结构特征，本书在研究区主体部位沿北西－南东向（图 3.1），依次跨越扬子、华夏块体及南海海盆截取 4 个剖面，位置分布如图 3.14 所示。对相应剖面的群速度［图 3.15(a)、图 3.15(c)、图 3.15(e)、图 3.15(g)］，基于迭代最小二乘反演方法[179, 182]进行了速度结构反演，获得了沿剖面地壳上地幔 S 波速度结构［图 3.15(b)、图 3.15(d)、图 3.15(f)、图 3.15(h)］。

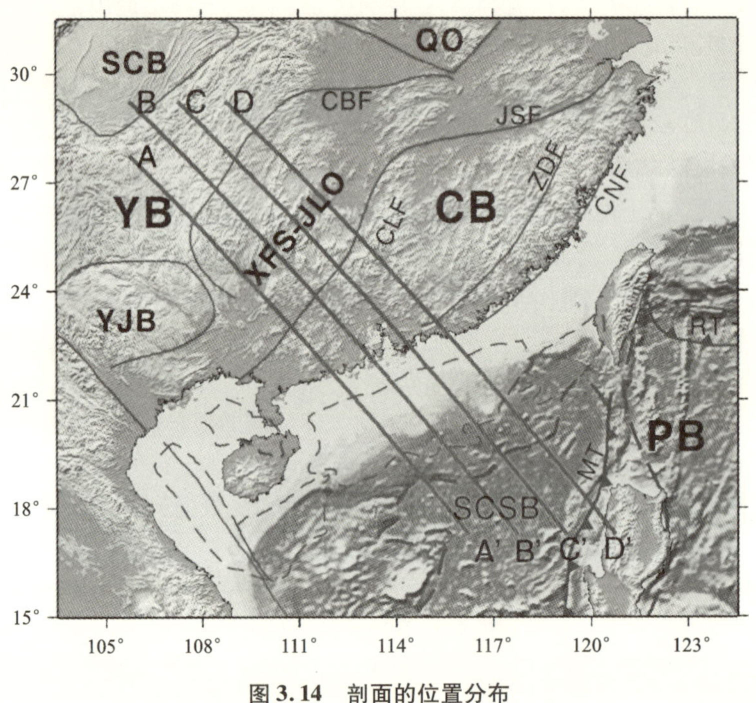

图 3.14　剖面的位置分布

为便于分析，对相应剖面对应的地形起伏情况也一并进行了展示，地形数据来自 GTOPO30 数字地形模型（U. S. geological survey，EROS，1993—1996，https://lta.cr.usgs.gov/GTOPO30）。为了更清楚地展示地壳上地幔的速度结构，本书采用不同的速度等值线来描述地壳上地幔的速度分布特征，并假设莫霍面附近的 S 波速度为 4.2 km/s。

从图 3.15 可以看到群速度分布呈现明显的层次性［图 3.15(a)、图 3.15(c)、图 3.15(e)、图 3.15(g)］。以剖面 *AA′* 为例，自北西至南东，较低速度（<3.4 km/s）持续的周期长度逐渐减小，扬子块体内部对应约 50 s，华夏块体内部对应约 30 s，南海海盆对应约 10 s。较高速度（>3.6 km/s）持续的周期长度却呈现相反的变化趋势，扬子块体内部对应 60～80 s，华夏块体内部对应 40～70 s，而在南海海盆对应 30 ~ 80 s。总体上，南海海盆对应的群速度最高，华夏块体次之，扬子块体对应的群速度最低。

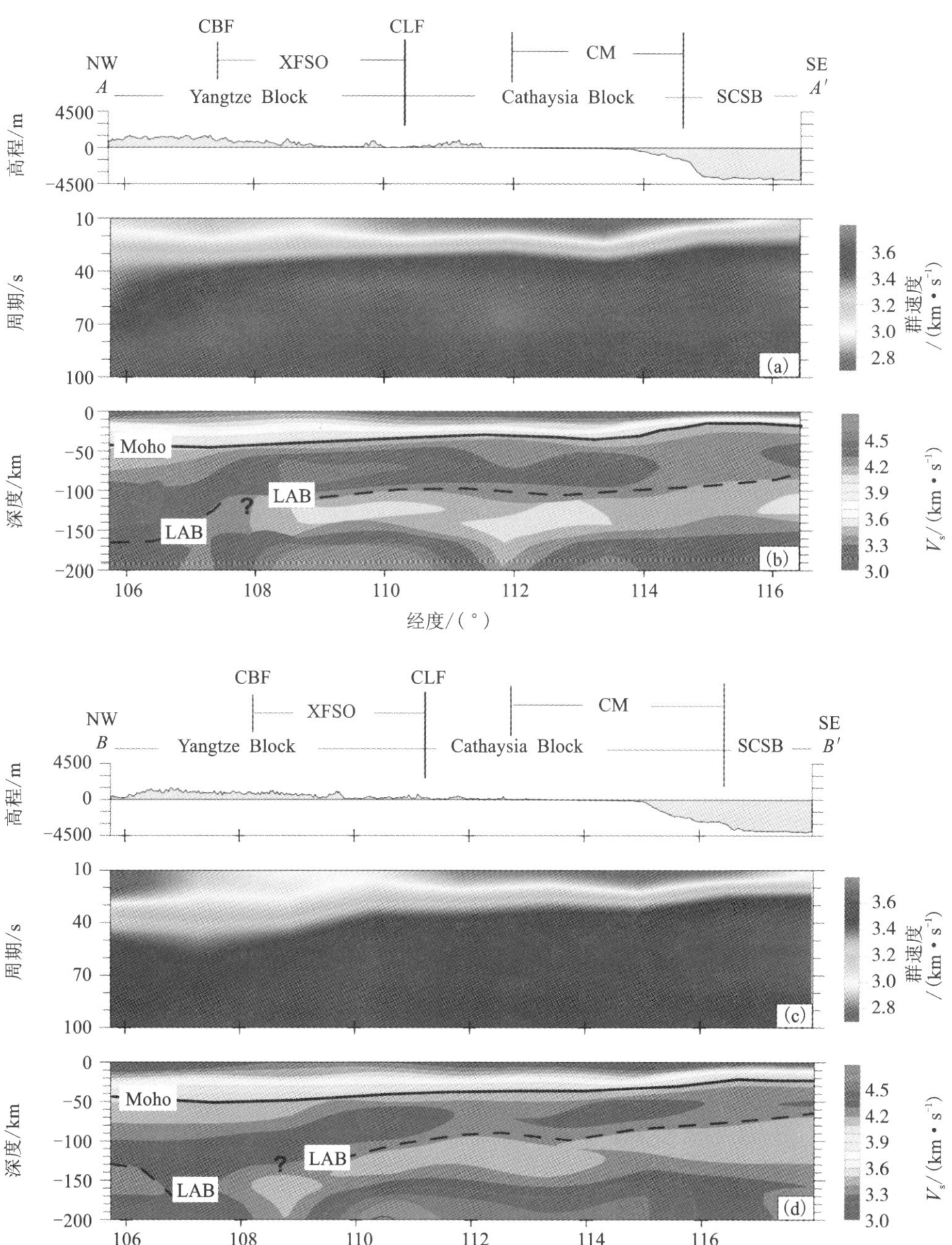

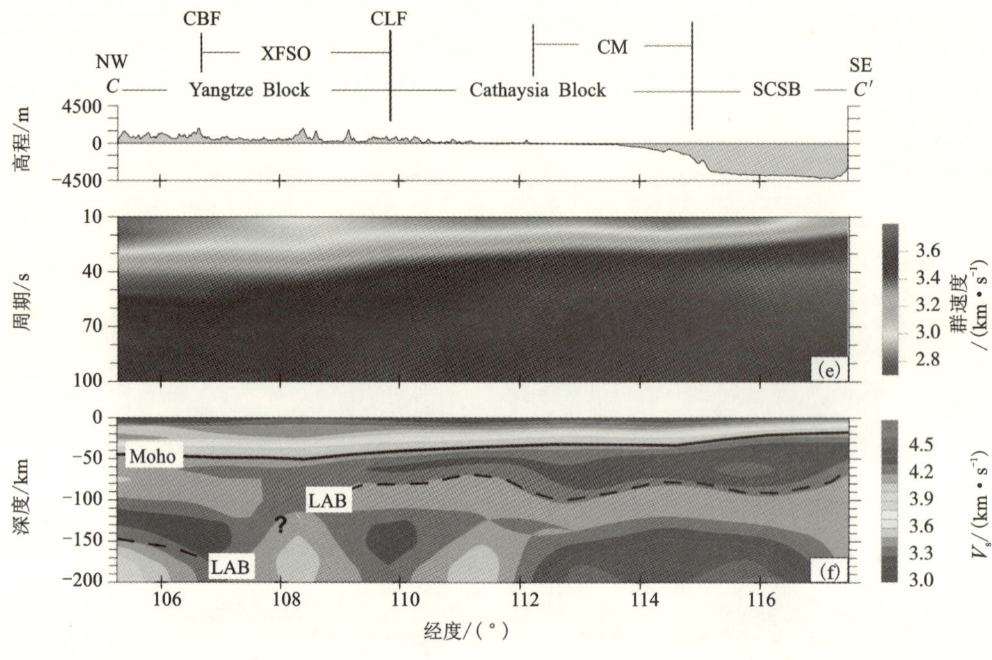

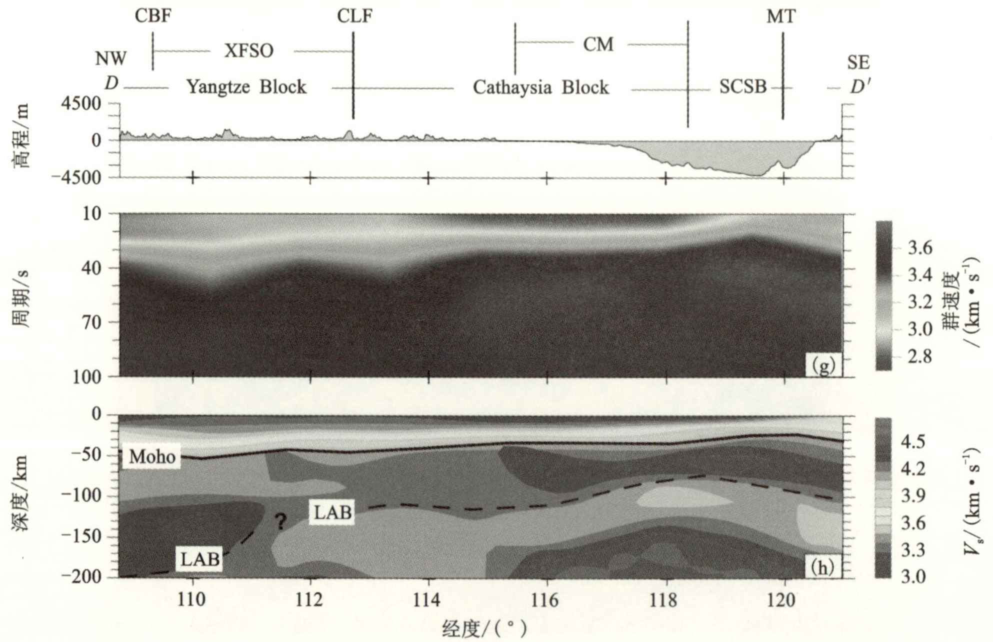

图 3.15　沿不同剖面的 S 波速度分布

与群速度分布特征相适应，S波速度结构进一步揭示了不同块体壳-幔结构特征之间的差异性[图3.15(b)、图3.15(d)、图3.15(f)、图3.15(h)]。考虑到本书所拾取的群速度频散的周期范围以及分辨核函数所揭示的相应分辨能力[图3.10(b)]，本书显示速度结构剖面深度仅至200 km，且主要讨论约180 km以浅的主要速度结构特征，并依此勾勒出沿剖面地壳和岩石圈厚度变化[图3.15(b)、图3.15(d)、图3.15(f)、图3.15(h)]。自北西至南东，由内陆向深海区过渡，主要特征如下：

(1)地壳厚度减薄：扬子块体近45 km→华夏块体约30 km→南海海盆约15 km。

(2)岩石圈-软流层边界(LAB)的深度总体变浅：扬子块体大于150 km→华夏块体80～100 km→南海海盆80～60 km。在雪峰山造山带(XFSO)下方，岩石圈厚度发生过渡和转换。

(3)扬子块体上地幔顶部速度较低，华夏块体上地幔速度较高，南海海盆上地幔速度最高[*CC′*、*DD′*剖面的图3.15(f)、图3.15(h)]，这可能对应扩张中心形成洋壳后残留的高速物质。南海海盆东部[*CC′*、*DD′*剖面的图3.15(f)、图3.15(h)]的速度相对南海海盆西部[*AA′*，*BB′*剖面的图3.15(b)、图3.15(d)]更高一些。

(4)雪峰山造山带下方岩石圈的整体速度自西向东(从*AA′*、*BB′*、*CC′*到*DD′*剖面)表现出由高到低的变化[图3.15(b)、图3.15(d)、图3.15(f)、图3.15(h)]，可能暗示雪峰山造山带内部岩石圈在后期经历了不同的改造过程。

扬子和华夏块体是构成华南大陆主体的一级构造单元。Zhao[24]认为，新元古代早期(825～750 Ma)，在扬子和华夏古微板块碰撞和拼合过程中，两个古微板块之间的大洋板块发生双向离散俯冲，最终形成雪峰山造山带(江南造山带)。张国伟等[12]认为，华南大陆构造中最为引人注目特征之一是早古生代华南大陆东部的陆内造山和西部克拉通的并行演化体制，而雪峰山造山带恰恰位于这两种体制发生过渡和转换的关键部位。扬子和华夏块体的地壳上地幔结构特征，特别是岩石圈/软流层边界(LAB)在雪峰山造山带下方发生过渡和转换，正是上述两种演化体制相互作用的结果。

此外，南海北部陆缘盆地上地幔顶部速度较高，且异常形态相对完整，说明上述陆缘裂陷盆地下方不存在深部物质上涌的迹象，张裂作用仅限于地壳浅部，体现了非火山型大陆边缘的特点[68, 69]。南海海盆下方软流圈内低速不显著，整体表现出一个已经停止扩张的年轻洋盆的特点[13]。在海南岛地幔[图3.13(e)、图3.13(f)]观测到了低速区，但并不比在其他地区观测的低速更为显著[27]。

值得说明的是，尽管在华夏块体及南海海盆下方(180 km以下)还存在较明显的高速区域，但由于本书资料对该深度结构分辨能力有限，为避免过度解释，故对该特征及可能的动力学意义不做解释；另外在红河断裂带75 km以上深度表现出相对低速，由于该区域处于研究区边缘，在此不做深入讨论。

3.5 小　结

本书基于华南及周边地区宽频带数字地震台站的资料，开展了面波层析成像和地壳上地幔速度结构特征研究。根据华南地区主要构造的走向特征，提出了一种平行主要构造走向的模型参数化方案。对比基于两种不同网格化方案获得的华南地区瑞利波群速度成像结果，表明在本书所利用的射线覆盖条件下，不同的模型参数化方案对总体的速度异常分布特征影响不大，但是对异常的具体形态会有影响。因此，在射线覆盖有限、网格剖分尺寸较大的情况下，针对某些异常体形态的讨论过程中，需考虑到不同模型参数化方案对反演结果带来的潜在影响。

瑞利波群速度图像及S波速度结构反演结果，揭示了扬子块体、华夏块体、南海北部陆缘以及南海海盆等典型构造部位壳－幔速度结构与分层特征之间的差异。结果显示：①扬子块体和华夏块体地壳上地幔结构特征差异显著，扬子块体的地壳和岩石圈厚度均大于华夏块体，扬子块体上地幔顶部速度较低，且在雪峰山造山带下方岩石圈厚度发生过渡和转换，同时在雪峰山造山带内部岩石圈速度存在一个自西向东的变化；②南海海盆速度较高，很好地勾勒出了海盆的轮廓，南海海盆岩石圈厚度为60～80 km；③南海北部陆缘地带形态相对完整，表现为非火山型大陆边缘的特征；南海海盆地幔速度较高以及软流圈内低速不明显，表现为一个已停止扩张的年轻海盆的结构特征。

第 4 章　有限频体波走时层析成像的基本原理与方法

本章分别介绍了基于射线理论及有限频理论的体波走时层析成像基本原理。首先，依据射线理论的层析成像基本原理，描述了体波走时层析成像的基本理论；然后通过相对走时残差的概念及计算，引入有限频走时层析成像的基本理论，并比较了射线理论和有限频理论的差异。

4.1　射线走时层析成像

4.1.1　射线走时层析成像的基本理论

经典的体波地震层析成像是基于射线理论的，即假设地震波是无限高频的，其射线轨迹遵循费马原理，射线走时由震源到接收点的走时最短路径所决定，在速度连续变化的介质中，射线走时与速度满足如下关系：

$$t = \int_L \frac{1}{v(x)} \mathrm{d}l \tag{4.1.1}$$

式中：t 为地震波的走时；$v(x)$ 为与空间位置有关的速度函数；L 为传播路径；$\mathrm{d}l$ 为路径上的线元。由于传播路径 L 是依赖于 $v(x)$ 的，因此式(4.1.1)是一个非线性的方程。假设 $v_0(x)$ 为参考模型，由慢度定义 $s(x)=1/v(x)$，对两边求导可得慢度扰动 $\partial s(x) = -\partial v/{v_0}^2(x)$。当相对参考模型的速度异常扰动 $\partial v/v_0(x)$ 很小时，式(4.1.1)可进行泰勒展开，忽略高阶项，最后可将地震波在该非均匀介质和参考模型传播的到时差即走时残差 ∂t，表示成慢度扰动沿路径的积分形式：

$$\partial t = -\int_L \frac{\partial v}{{v_0}^2(x)} \mathrm{d}l \tag{4.1.2}$$

将式(4.1.1)和式(4.1.2)分别表示成慢度和慢度扰动的形式，可得：

$$t = \int_L s(x)\,\mathrm{d}l \tag{4.1.3}$$

$$\partial t = \int_L \partial s(x)\,\mathrm{d}l \tag{4.1.4}$$

式(4.1.3)和式(4.1.4)分别是近震层析成像和远震层析成像的基本公式，其中 t 和 ∂t 分别是观测走时和(相对)走时残差，$s(x)$ 和 $\partial s(x)$ 分别是慢度和慢度扰动。

对远震事件，震源都位于反演区域以外，走时残差来自多个方面比如震中定位误差、发震时间误差以及模型空间外的射线路径的影响等。为了减小震源参数误差的影响，通常在远震层析成像中采用相对走时残差[188]。远震层析成像是基于从同一个远震事件的地震波到达不同接收台站的走时差(相对走时残差)主要是由台站下方区域速度异常所引起的假设(图 4.1)。接下来简要介绍相对走时残差的计算。

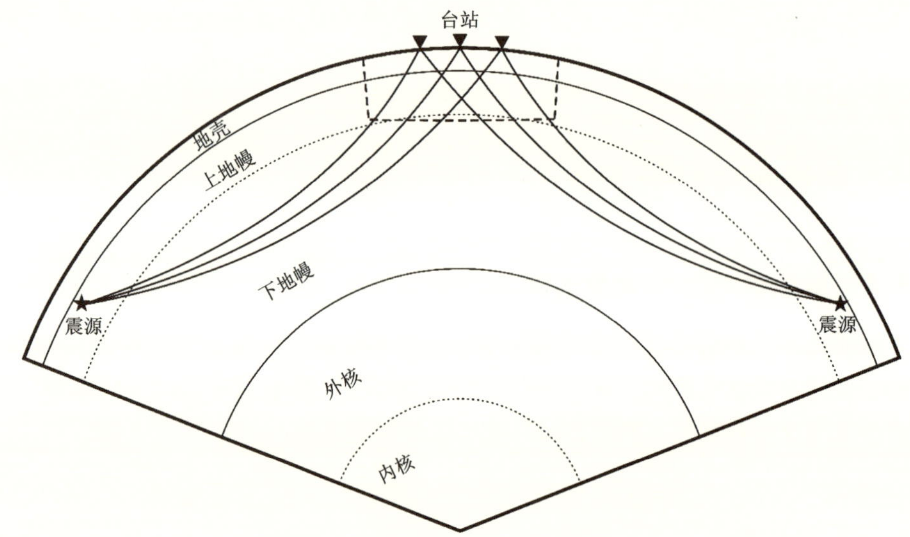

图 4.1　远震层析成像射线路径示意图

震源用五角星表示，台站用倒三角形表示，反演区域用虚线框表示

类似局部和区域地震事件，对于第 j 个远震事件的第 i 个接收台站的走时残差 t_{ij} 如式(4.1.5)所示[188]：

$$t_{ij} = T_{ij}^{\mathrm{obs}} - T_{ij}^{\mathrm{cal}} \tag{4.1.5}$$

式中：T_{ij}^{obs} 为观测走时；T_{ij}^{cal} 为理论走时。

相应的相对走时残差 r_{ij} 可以通过单个台站的走时残差 t_{ij} 减去该事件所有台站走时残差的平均 $\bar{t}_j$ 得到：

$$r_{ij} = t_{ij} - \bar{t}_j \tag{4.1.6}$$

平均走时残差可表示为：

$$\bar{t}_j = \frac{1}{m_j}\sum_{i=1}^{m_j} t_{ij} \tag{4.1.7}$$

式中：m_j 是第 j 个事件所有的观测到时个数。

假设共有 m 条地震射线，模型参数可离散成 n 个慢度/慢度扰动为常量的块体，那么式(4.1.3)和式(4.1.4)可统一写成类似面波层析成像中式(2.3.4)的形式：

$$d_i = \sum_{j=1}^{n} g_{ij} m_j \tag{4.1.8}$$

式中：$i=1, 2, \cdots, m$；$j=1, 2, \cdots, n$；d_i 表示第 i 条射线的观测资料，在近震层析成像中为走时，在远震层析成像中为相对走时残差；g_{ij} 为第 i 条地震射线在第 j 个块体中的路径长度；m_j 为第 j 个块体的模型参数，在近震层析成像中为慢度，在远震层析成像中为慢度扰动，对所有的地震射线，式(4.1.7)可简写成如下矩阵的形式：

$$\boldsymbol{d} = \boldsymbol{G}\boldsymbol{m} \tag{4.1.9}$$

式中：$\boldsymbol{d}$ 为由走时资料组成的 m 维观测向量；$\boldsymbol{G}$ 为由路径长度组成的 $m \times n$ 维稀疏矩阵，$\boldsymbol{m}$ 为由慢度(扰动)组成的 n 维模型参数向量。

求解方程式(4.1.9)可使用常用的阻尼最小二乘法、奇异值分解法、共轭梯度法等线性迭代方法，另外还有牛顿迭代法、蒙特卡洛法、遗传算法、模拟退火法、蚁群算法等非线性迭代方法。

综上所述，远震走时层析成像主要包括正演和反演两部分，正演是指建立地下速度三维初始结构并计算理论地震波走时的过程，反演是指根据观测走时和理论走时差异求取速度扰动。正演部分主要包括两部分：①初始模型的建立；②地震波走时的计算。反演部分除了选取合适的反演方法之外，反演结果的评价以及分辨率测试也是很重要的一部分。因此整个远震走时层析成像的流程(图 4.2)主要分为四部分：模型的建立(模型参数化)、走时的计算、反演方法和解的评价。由于模型参数化、反演方法和解的评价类似面波层析成像，这里不再赘述，只简要介绍走时计算的两大类方法。

4.1.2　走时的计算方法

在射线走时层析成像中，走时的正演计算是非常重要的环节。其计算方法大致分为两大类，即基于斯奈尔定律的射线追踪方法和基于程函方程数值解的求解方法，下面分别简要介绍这两种方法。

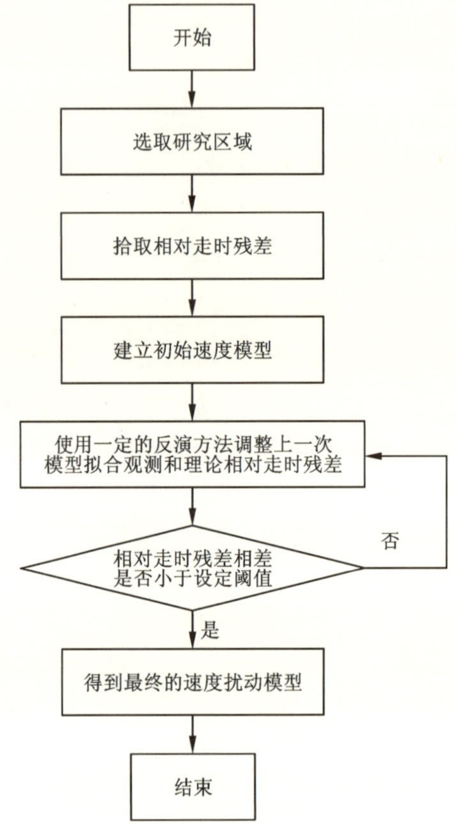

图 4.2　远震走时层析成像流程图

1）射线追踪方法

传统的射线追踪方法包括试射法和弯曲法。试射法（Shooting Method）是在固定震源的情况下，逐渐改变出射角使得射线在地表最终到达台站的方法[189]，试射法较大程度依赖于初始值，计算需要耗费大量时间。弯曲法（Bending Method）则是将震源和接收台站固定，然后逐渐调整射线路径直至其满足费马原理。弯曲法对初始路径不敏感且计算时间较试射法为少。近年来发展了基于此方法的伪弯曲法[190, 191]，它与传统的弯曲法不同的是，不需要直接求解射线方程，而是通过一系列线性插值点来表示射线路径，通过不断调整每个点的位置直至射线路径走时最小。其射线收敛速度较弯曲法得到明显改善。

2）程函方程数值解方法

基于程函方程数值解的求解方法包括有线差分法和快速行进法。有限差分法（finite difference method，FDM）是指利用有限差分算子替换程函方程的梯度算子得到所有网格点上的走时场，可给出波前形状，由于波的传播方向垂直波前面，故追踪最陡的走时梯度方向得到射线路径[192]的方法。由于传统的有限差分方法存在稳定性问题，即获得的不一定是绝对最小走时场，因此后来学者提出了快速行进法。快速行进法(fast marching method，FMM)是一种基于有限差分的方法。它利用迎风差分格式求解局部程函方程，采用窄带延拓重建旅行时波前，利用堆排序技术保存旅行时。该方法能获得绝对最小走时场，具有无条件稳定性，适用于强烈的非均匀速度场，Rawlinson 和 Sambridge [193]首次将 FMM 应用到地震层析成像中。

4.2　有限频走时层析成像

射线走时层析成像基于射线理论，假定地震波是无限高频的，根据费马原理，地震波沿走时最短的路径传播，其到时差完全取决于射线路径上的速度结构的影响，并且射线理论假设地球内部速度异常不能变化太大，且异常体的尺度要远大于地震波的特征波长，而实际的地震波是有限频率的，当地震波经过速度异常体时，会发生绕射现象，随着传播距离的增加，波前面由于非均匀介质会发生超前或滞后，并随着波前愈合而逐渐消失[194, 195]。针对上述问题，Dahlen 和 Hung 等[129, 142]提出了 Fréchet sensitivity kernels[也被称为“香蕉 - 甜甜圈”(Banana - Doughnut)]理论。基于该理论发展的层析成像被称为有限频走时层析成像。该理论表明地震波的走时受到射线路径周围三维 kernel 空间内的速度结构变化影响。

假设两台站 A、B 记录到同一震相的观测波形分别为 $s_A^{\mathrm{obs}}(t)$ 和 $s_B^{\mathrm{obs}}(t)$。扣除理论走时(因震中距不同所造成的走时)后，两台站的走时残差分别为 T_A 和 T_B，那么相对走时为[129]：

$$\Delta T = T_A - T_B \tag{4.2.1}$$

台站 A 和 B 的观测波形分别为：

$$s_A^{\mathrm{obs}} = s_A(t) + \delta s_A(t),\ s_B^{\mathrm{obs}} = s_B(t) + \delta s_B(t) \tag{4.2.2}$$

台站 A 和 B 的观测波形的互相关为：

$$\Gamma(\tau) = \int_{t_1}^{t_2} s_A^{\mathrm{obs}}(t-\tau) s_B^{\mathrm{obs}}(t)\,\mathrm{d}t \tag{4.2.3}$$

将式(4.2.3)写成零阶项和一阶项之和：

$$\Gamma(\tau) = \gamma(\tau) + \delta\gamma(\tau) \tag{4.2.4}$$

式中：

$$\gamma(\tau) = \int_{t_1}^{t_2} s_A(t-\tau) s_B(t)\,\mathrm{d}t \tag{4.2.5}$$

$$\delta\gamma(\tau) = \int_{t_1}^{t_2} [s_A(t-\tau)\delta s_B(t) + \delta s_A(t-\tau) s_B(t)]\,\mathrm{d}t \tag{4.2.6}$$

当 $\tau=\Delta T$ 时，$\gamma(\tau)$ 达到最大值，此时满足 $\partial_t\gamma(\Delta T)=0$，对 $\Gamma(\tau)$ 在 $\tau=\Delta T$ 处进行泰勒展开，只保留到二阶小量，则：

$$\begin{aligned}\Gamma(\Delta T+\delta\tau)&=\gamma(\Delta T)+\delta\tau\partial_\tau\gamma(\Delta T)+\frac{1}{2}\delta\tau^2\partial_{\tau\tau}\gamma(\Delta T)+\delta\gamma(\Delta T)+\delta\tau\partial_\tau\delta\gamma(\Delta T)\\&=\gamma(\Delta T)+\frac{1}{2}\delta\tau^2\partial_{\tau\tau}\gamma(\Delta T)+\delta\gamma(\Delta T)+\delta\tau\partial_\tau\delta\gamma(\Delta T)\end{aligned}\tag{4.2.7}$$

式(4.2.7)中的 $\delta\tau$ 就是相对走时残差 $\delta(\Delta T)$，上式取最大值需要满足：

$$\partial_{\delta\tau}\left[\gamma(\Delta T)+\frac{1}{2}\delta\tau^2\partial_{\tau\tau}\gamma(\Delta T)+\delta\gamma(\Delta T)+\delta\tau\partial_\tau\delta\gamma(\Delta T)\right]=0\tag{4.2.8}$$

于是需要满足：

$$\delta\tau=-\frac{\partial_\tau\delta\gamma(\Delta T)}{\partial_{\tau\tau}\gamma(\Delta T)}\tag{4.2.9}$$

将 $\tau=\Delta T$，$\delta\tau=\delta(\Delta T)$ 以及 $\gamma(\Delta T)$，$\delta\gamma(\Delta T)$ 的表达式代入式(4.2.9)可得：

$$\begin{aligned}\delta(\Delta T)&=\frac{\int_{t_1}^{t_2}[\dot{s}_A(t-\tau)\delta s_B(t)+\delta\dot{s}_A(t-\tau)s_B(t)]\mathrm{d}t}{\int_{t_1}^{t_2}\ddot{s}_A(t-\tau)s_B(t)\mathrm{d}t}\\&=\frac{\Re e\int_0^\infty \mathrm{i}\omega[s_A^*(\omega)\delta s_B(\omega)+\delta s_A^*(\omega)s_B(\omega)]\mathrm{d}\omega}{\Re e\int_0^\infty \omega^2 s_A^*(\omega)s_B(\omega)\mathrm{e}^{\mathrm{i}\omega\Delta T}\mathrm{d}\omega}\end{aligned}\tag{4.2.10}$$

整理后相对走时残差 $\delta(\Delta T)$ 可以写成：

$$\delta(\Delta T)=\iiint_{\oplus}\left[K_\alpha\left(\frac{\delta\alpha}{\alpha}\right)+K_\beta\left(\frac{\delta\beta}{\beta}\right)+K_\rho\left(\frac{\delta\rho}{\rho}\right)\right]\mathrm{d}^3x\tag{4.2.11}$$

$$K_{\alpha,\beta,\rho}=-\frac{1}{2\pi}\sum_{ray'}\sum_{ray''}N\Omega_{\alpha,\beta,\rho}\left(\frac{1}{\sqrt{c'c''}}\right)\left(\frac{\Re}{c_r\Re'\Re''}\right)\times\frac{\int_0^\infty\omega^3\,|\mathrm{syn}(\omega)|^2\sin[\omega(T'+T''-T)-(M'+M''-M)\pi/2]\mathrm{d}\omega}{\int_0^\infty\omega^2\,|\mathrm{syn}(\omega)|^2\mathrm{d}\omega}\tag{4.2.12}$$

式(4.2.11)中的 K_α，K_β，K_ρ 是三维敏感度核函数。它们分别与 $\delta\alpha/\alpha$，$\delta\beta/\beta$，$\delta\rho/\rho$ 对相对走时残差 $\delta(\Delta T)$ 的影响程度有关。式(4.2.12)是三维敏感度核函数的表达式，$\Re$，$\Re'$，$\Re''$分别是震源到接收点(ray)、震源到散射点(ray′)以及散射点至接收点(ray″)的路径(图4.3)。$\Omega_{\alpha,\beta,\rho}$是散射系数，表示地震波通过散射点后能量朝各个方向的比例，拟合脉冲功率谱 syn $(\omega)^2$ 的出现表明互相关得到的相对走时残差所具有的频率依赖性。

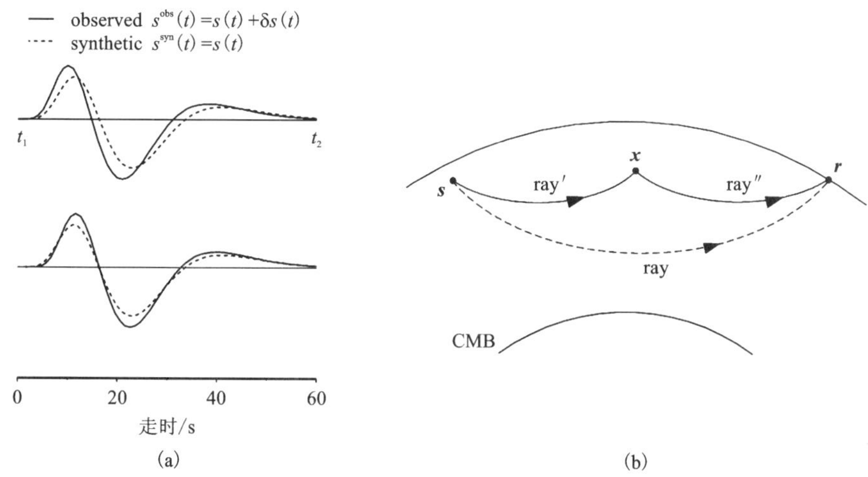

图4.3 有限频体波走时偏移和球对称介质下的几何路径示意图[135]

(a)通过对观测波形(实线)和一维球对称地球模型的理论波形(虚线)互相关得到走时偏移；(b)球对称地球模型从震源 s 到接收点 r 的几何射线路径，其中 ray、ray′、ray″分别表示无扰动情况下震源到接收点、考虑 Born 一次散射情况下震源到散射点、散射点再到接收点的射线路径

有限频敏感度核函数是有限频层析成像的基础，式(4.2.12)表明有限频敏感度核函数是对时窗内所有单点散射波进行求和的形式，对所有满足条件的单点散射波进行射线追踪是一个非常耗时的过程，Dahlen 等[129]提出旁轴近似(即认为走时残差只对第一菲涅尔带内的速度扰动比较敏感)来有效减少射线追踪的运算量。旁轴近似条件下满足 $N=1$，并且同种类型的波的散射系数不为零，转换波的散射系数为零，因此在散射点处有 $c'=c''=c$，c 是散射点处 P 波或 S 波的速度。同时，$M'+M''-M=0$，本书所使用的有限频层析成像中不考虑 $\delta\rho/\rho$ 对相对走时残差 $\delta(\Delta T)$ 的影响，即 $K_\rho=0$，于是式(4.2.11)－(4.2.12)为

$$\delta(\Delta T)=\iiint_{\oplus}\left[K_c\left(\frac{\delta c(x)}{c(x)}\right)\right]\mathrm{d}^3x \tag{4.2.13}$$

$$K_{\alpha,\beta,\rho}=-\frac{1}{2\pi c}\left(\frac{\Re}{c_r\Re'\Re''}\right)\times\frac{\int_0^\infty\omega^3\ |\mathrm{syn}(\omega)|^2\sin\omega\Delta T\mathrm{d}\omega}{\int_0^\infty\omega^2\ |\mathrm{syn}(\omega)|^2\mathrm{d}\omega} \tag{4.2.14}$$

在远震层析成像中，同一震相在不同台站之间的相对到时可以用来约束台站下方的地壳和地幔的速度异常。在两个相邻台站 A 和 B 之间的相对延迟 ΔT(相对走时残差)对应的走时敏感度核函数可以表示为两个走时差异(走时残差)T_A 和 T_B 对应的敏感度核函数之间的差异(图4.4)：

$$K_{T_A-T_B}=K_{T_A}-K_{T_B} \tag{4.2.15}$$

式(4.2.13)~式(4.2.15)通过有限频敏感度核函数建立了相对走时残差和速度异常间的关系。这也是有限频走时层析成像的正演表述。

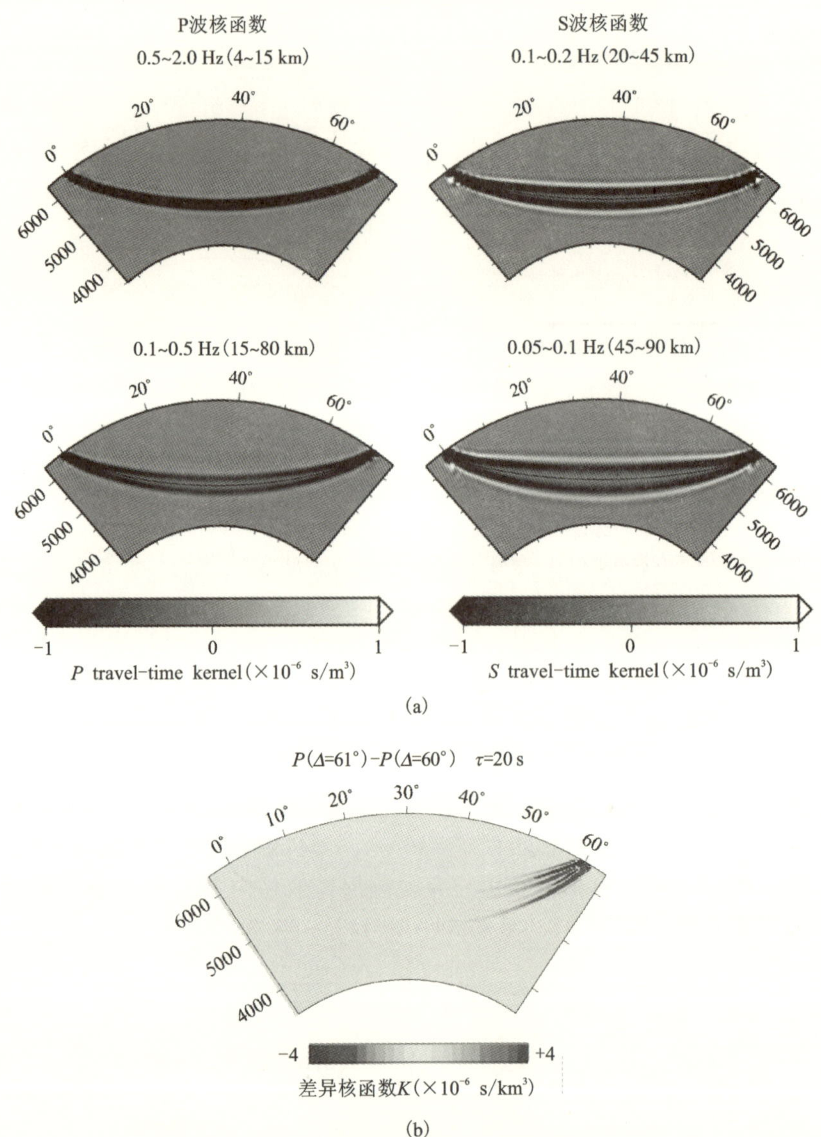

图 4.4 走时敏感度核函数和差异走时敏感度核函数

(a)震中距约70°的有限频P波(左)和S波(右)的走时Born - Fréchet kernels，在沿着射线平面的剖面，所有的核函数表现为一个弯曲的椭圆形状，并且在几何射线路径上(黑色实线)敏感度都为0，在两个旁瓣上敏感度最大，可认为是第一菲涅尔带，在垂直于射线路径方向上的展布范围近似正比于$\sqrt{\lambda L}$，λ为P波或S波的特征波长，L为到接收点的传播距离[135]；(b)来自同一个事件的震中距分别为60°和61°的两个台站的P波差异核函数[142]

4.3 有限频理论与射线理论的比较

射线走时层析成像和有限频走时层析成像都是求解模型参数与观测数据所构成的方程组，两者的不同之处在于联系模型参数和观测数据的系数(泛函)之间的不同。在射线走时层析成像中这个系数与射线路径长度有关。其关键问题是进行射线追踪，而在有限频走时层析成像中这个系数与敏感度核函数值的大小有关。其关键问题是敏感度核函数的计算。在物理意义上，射线走时层析成像认为走时的变化只与射线路径上介质的速度变化有关，而有限频走时层析成像则认为走时的变化与射线路径周围一定三维区域即第一菲涅尔带内介质的速度变化有关。下面主要从正演和反演两方面来比较有限频理论和射线理论。

1)正演方面

射线理论基于地震波是“无限高频”的假设，只考虑传播路径上的速度结构对地震波走时的影响。对于实际有限频率的地震波，将其视为地震射线会引入误差。具体而言，射线路径上的异常体引起的波前异常会逐渐向射线路径旁边扩散，随着震源距的逐渐增大，波前异常越来越不明显。这就是波前愈合效应[194]。波前愈合会导致初至波的振幅愈来愈小，直至淹没在噪声中，于是会导致从波形上读取初至走时产生误差。当介质中出现异常体时，射线路径会偏离低速区，而在高速区聚集的射线路径偏移。波前愈合和射线路径偏移共同造成了射线理论的线性正演误差，误差的大小与异常体的尺度 a，波长 λ 及震源距 L 有关。对于均匀初始介质中单个异常，当 $a<\sqrt{\lambda L}$时，波前愈合效应显著，否则不明显[195]；对于三维非均匀介质，当 $a<0.5\sqrt{\lambda L}$时，射线理论的预测走时的误差很大，不再适用[196, 197]。而有限频理论是基于弹性动力学方程的，相对于射线理论的“无限高频”条件而言，它对于任意频率的地震波都适用。尽管有限频理论仍然需要一些近似条件(玻恩近似)，但它克服了波前愈合问题和射线路径偏移，使得正演理论的精确性能得到保证[198]。

2)反演方面

射线理论中走时只与射线路径上的速度异常有关，因而反演方程的系数矩阵是一个大型稀疏矩阵，这意味着每一个数据－模型参数映射关系只对小区域的模型参数有约束，从而对模型空间的整体约束很弱，只有射线覆盖非常密时，反演问题才能收敛到正确解的相似解集中，对于欠定或混定问题，射线层析成像很容易陷入零空间。而有限频理论表明走时异常同与射线路径旁边很大区域(第一菲涅尔带，或 Fréchet sensitivity kernel)内的速度异常都有关，因而反演方程的系数矩阵是一个比较致密的矩阵，即意味着数据－模型参数映射关系对模型空间的整体约束很强，对于欠定或混定问题，很容易收敛到正确解的相似解集中。这在一定程度上克服了反演问题的多解性。此外，有限频层析成像能充分利用宽频带地震资料，通过对地震波进行分频段滤波，提取多频段走时信息进行联合反演，从而降低了反问题的欠定性。这是射线理论所不具备的优点[198, 199]。

第 5 章　青藏高原西部有限频远震体波走时层析成像研究

5.1　青藏高原西部的研究背景

青藏高原作为研究陆 - 陆碰撞造山带的最佳区域，一直以来都是地质学家和地球物理学家关注的焦点。而青藏高原西部位于碰撞挤压最强烈的部位，其深部结构特征对了解印度岩石圈在青藏高原底下到底俯冲到什么位置，俯冲岩石圈的形态如何，以及深入认识高原北部正在发生的动力学过程和造山带的隆升机制等具有重要意义。相对高原中东部而言，青藏高原西部开展的地球物理研究非常有限，仅有中国科学院和中国地质科学院开展了部分综合地球物理观测[114-117]；直到近几年越来越多的地球物理观测，尤其是宽频带流动地震观测才得以在高原西部顺利开展[31, 118-120]。

地球物理探测图像表明，班公湖 - 怒江缝合带以南的上地幔基本被高速特征的俯冲印度岩石圈所主导，同时俯冲印度岩石圈形态及俯冲前缘位置存在明显的东西向差异。在高原西部，岩石圈接触关系复杂，中法科学家沿着西昆仑新藏公路进行的天然地震观测发现塔里木岩石圈向南俯冲了至少 200 km [117, 123]；在该地区进行的爆破地震研究和天然地震研究发现存在塔里木向南及青藏高原向北的相向俯冲碰撞和莫霍面叠置现象[115, 116, 122]；Zhao 等[127]沿着 ANTILOPE 计划测线在青藏高原西部观测到印度岩石圈在 100 ~ 250 km 深度上近乎水平地下冲到金沙江缝合带附近，并未继续向北俯冲到塔里木，高速印度岩石圈和塔里木岩石圈之间在金沙江缝合带同阿尔金断裂间存在低速上地幔，且该低速区域存在横向变化。由此可见，在青藏高原西部印度 - 欧亚岩石圈接触关系复杂，藏北低速层的分布仍存在争议，需要在高原西部进一步开展三维岩石圈成像工作。

在这一章作者将使用课题组在青藏高原西部布设的 TW80 宽频带流动地震观

测剖面的数据，通过有限频远震体波走时层析成像方法反演青藏高原西部的地壳和上地幔速度结构。所获得的上地幔速度结构为进一步认识俯冲的印度岩石圈形态以及青藏高原下方陆-陆碰撞带的岩石圈相互作用提供了重要约束。

5.2 数据及处理方法

5.2.1 台站和事件的分布

2011 年 11 月至 2013 年 11 月，作者所在课题组在青藏高原西部 80°E 布设了 25 个台站的宽频带流动地震观测 TW80 剖面(图 5.1)。

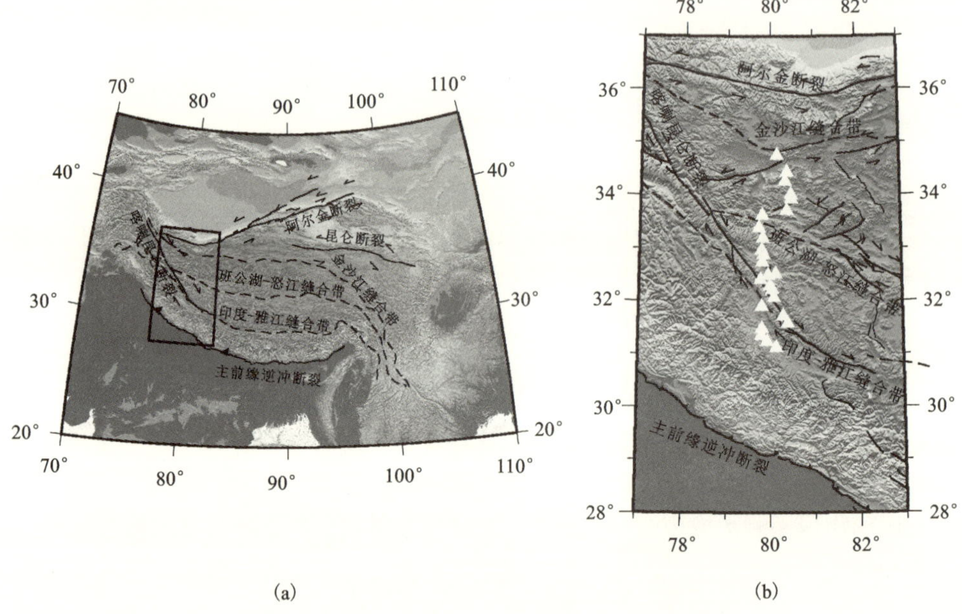

图 5.1 研究区大地构造背景及台站位置分布图

(a)青藏高原构造简图，黑色方框为研究区在青藏高原的位置；(b)研究区的地质构造及本书使用的台站分布图。白色三角形表示台站位置，从南向北地质构造依次是主前缘逆冲断裂、印度-雅江缝合带、喀喇昆仑断裂、班公湖-怒江缝合带、金沙江缝合带和阿尔金断裂

使用的地震目录满足震级≥5.0，以保证台站所记录的波形具有高的信噪比，同时满足离台阵中心(80°E，33°N)的震中距在 30°~90°，以保证在该震中距范围内的地震波的传播路径主要在地壳和上地幔中，同时避免三重震相的干扰。在反演中采用远震直达 P、S 震相(震中距在 30°~90°)及核幔边界反射 PcP、ScS 震相(震中距在 30°~85°)(图 5.2)。

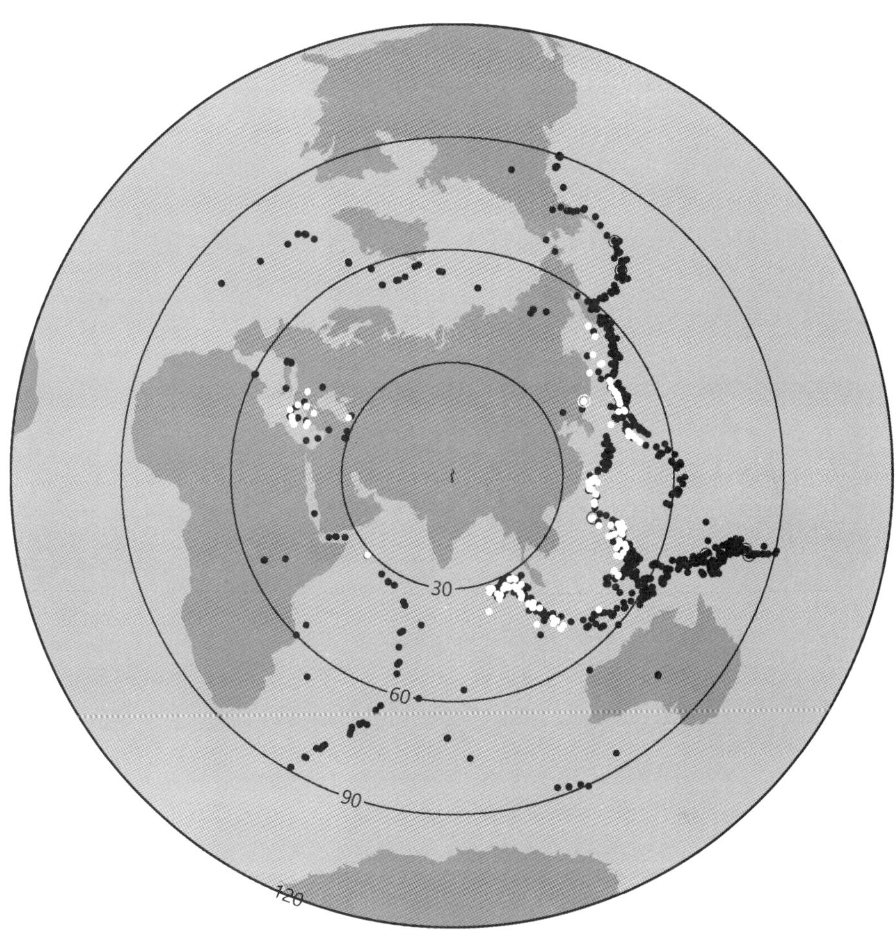

图 5.2　地震事件分布图

P、S 震相的事件分别用黑色和白色圆点表示，PcP、ScS 震相的事件分别用黑色和白色圆圈表示；中心区域的阴影部分表示台站的分布范围

5.2.2　相对走时残差的拾取

按照地震目录选取好事件后，从连续地震波形中截取相应的事件波形记录；对原始的地震波形数据去除仪器响应后，将其转换为地表位移记录；对 S 波的波形数据需要将两个水平分量分别旋转到径向方向和切向方向，所有到时数据在径向上测量。之后将对波形数据按照高低两个频带滤为高频和低频波形，对 P 波使用的频段为 0.5 ~2 Hz 和 0.1 ~0.5 Hz，对 S 波使用的频段为 0.1 ~0.5 Hz 和 0.05 ~0.1 Hz。对所有波形数据计算信噪比，只保留高信噪比的数据进行相对到时拾取；所有的震相采用基于多通道互相关方法[200]（multiple channels cross correlation method）的自动和交互式体波走时测量方法[201]（Automated and Interactive Measurement of Body - wave Arrival Times）计算得到相对差异走时。图 5.3 为该方法拾取单个地震事件 P 震相高频段和低频段差异走时的一个实例。

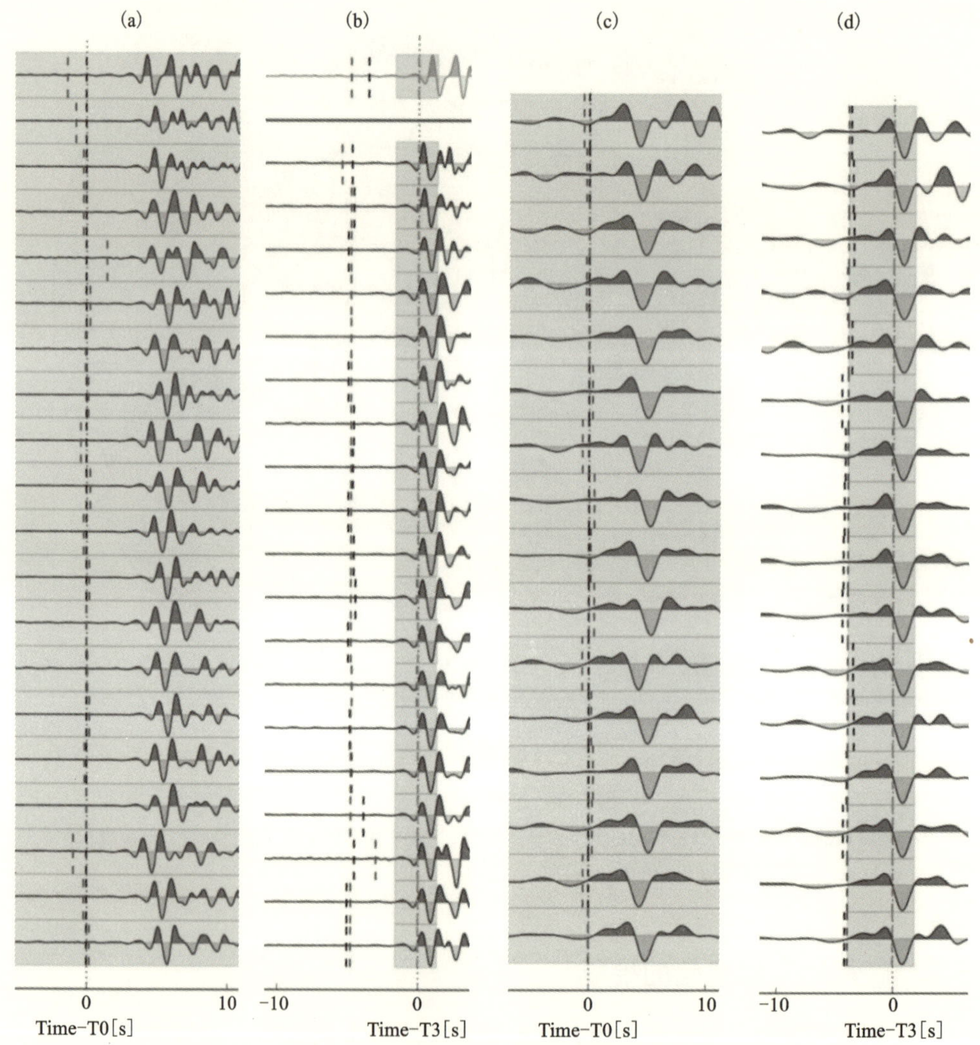

图 5.3　多通道互相关方法拾取差异走时

（a）（b）分别是某个地震事件 P 震相高频段互相关之前和之后的波形排列；
（c）（d）分别是某个地震事件 S 震相高频段互相关之前和之后的波形排列

最后在反演中使用的数据包括：P 波 12044 条高频数据，4655 条低频数据；S 波 1065 条高频数据和 S 波 699 条低频数据。其中 P 波数据取自 1617 个地震事件，S 波数据取自 215 个地震事件，相应的地震事件震中分布如图 5.2 所示。

5.3　有限频远震体波走时层析成像反演

5.3.1　地壳及高程校正

走时异常可以由台站高程、地壳厚度和上地幔的横向不均匀性引起。台站高程的变化以及地壳结构在远震体波走时异常中占了很重要的一部分，尤其是在有些地区地壳厚度变化很大以及地壳结构很复杂的情况下，地壳对观测走时残差的影响可能占了一半[67]。在远震体波层析成像中，由于地震射线在台站下方是近垂直入射的，在比较浅的深度上几乎没有射线路径的交叉，因此地壳和浅层地幔结构在反演中不能直接分辨。如果不从走时残差中去除地壳异常，它们会映射到深部地幔中，从而造成层析成像中的虚假速度异常，因此需要对浅部结构进行走时校正来改善层析成像中对地幔结构的分辨率。为了校正台站高程和地壳效应，针对每条地震事件到台站的走时残差数据，基于相应台站的一维速度模型，使用平面波依据相应射线参数计算一个频率相关的模拟地壳响应作为此数据的地壳校正值[202]。本书使用三维地壳速度模型 - SEAPS 模型[203, 204]来进行地壳校正，同时在反演时赋给每一个台站一个自由项用来吸收浅部不均性导致的剩余走时偏差。经过地壳校正后的每个台站下方的相对走时残差的分布如图 5.4 所示，方位角平均走时残差图中显示在研究区南部 P、S 波的走时表现为负异常，说明实际走时相对一维地球参考速度模型走时偏快，而北部则表现为正异常，说明相对一维地球参考速度模型走时偏慢，依据这样的观测可以直接推论剖面南侧的上地幔平均地震波速度高于剖面北侧。

5.3.2　模型参数化反演

由于有限频理论的走时残差和射线理论的走时残差的积分方程具有一样的形式，因而测量得到的 P 波和 S 波的差异走时数据可以使用类似射线理论走时层析成像的线性方程组表示：

$$d_i = \int_D g_i(\boldsymbol{x}) m(\boldsymbol{x}) \mathrm{d}^3 x \qquad (5.3.1)$$

式中：$i = 1, 2, \cdots, N$；d_i 表示第 i 个差异走时数据；$\boldsymbol{x}$ 为三维模型空间中的位置向量；$m(\boldsymbol{x})$ 为模型函数；$g_i(\boldsymbol{x})$ 为第 i 个走时数据三维 Fréchet 敏感度核函数。

由于使用的台站主要是南北向分布的，本书关注的主要是研究区南北向速度扰动的变化，因此在纬度方向采用两种不同的网格划分方案来测试不同纬度方向网格划分下反演结果的变化。研究区域下方的地壳和地幔以（80°E，33°N）为中心，将维度为 10°经度，16°纬度和 700 km 深度的三维空间分别划分为 33 × 33 ×

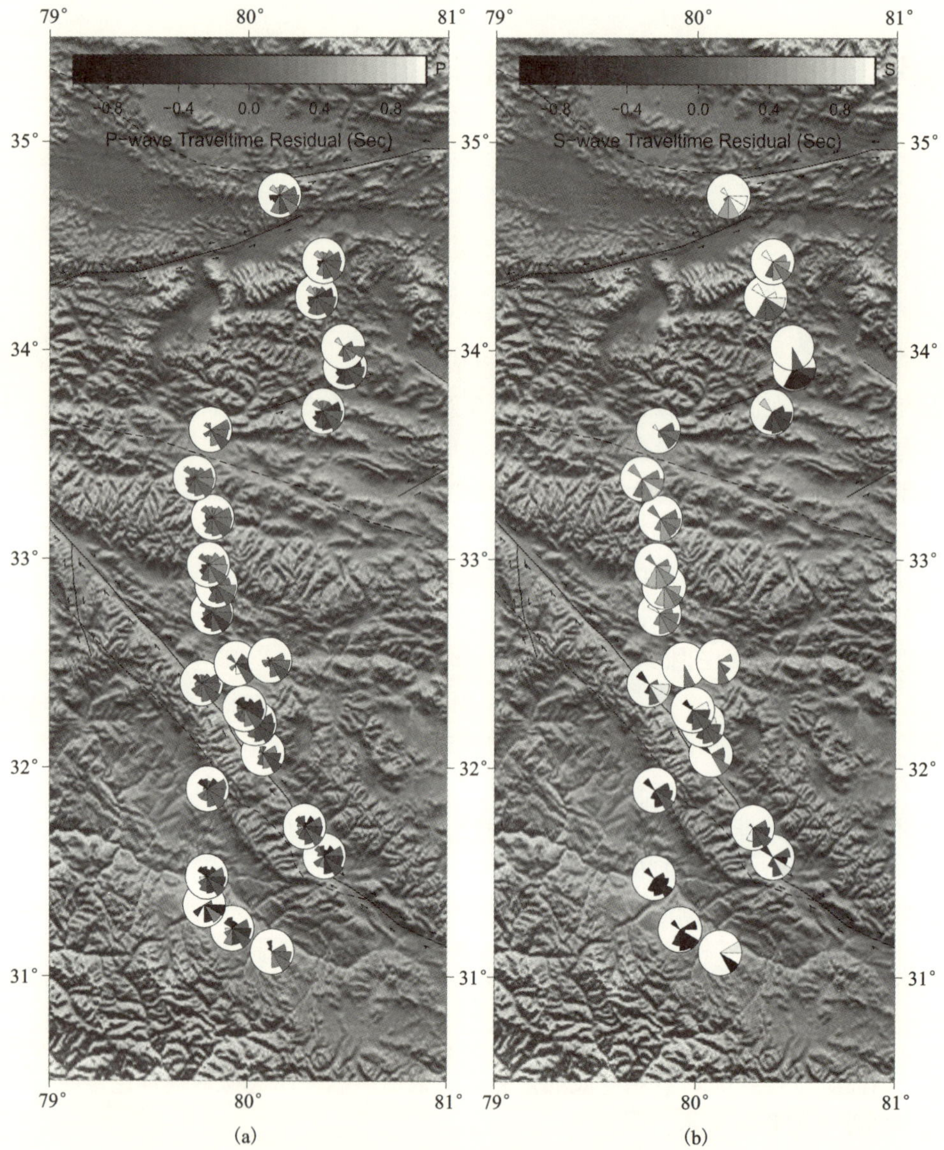

图 5.4　地壳校正后的方位角平均相对走时残差

(a)、(b)分别是P波和S波的方位角平均的走时残差；黑色色标表示相对一维地球参考速度模型走时快的台站走时残差(负异常/高速异常)，白色色标表示相对一维地球参考速度模型走时慢的台站走时残差(正异常/低速异常)

33、33 ×65 ×33(图5.5)的三维网格点，网格大小在两种网格划分下经度、深度分别为0.3125°、22 km，纬度分别为0.5°和0.25°。

经过上述参数化，式(5.3.1)可以写成如下离散形式：

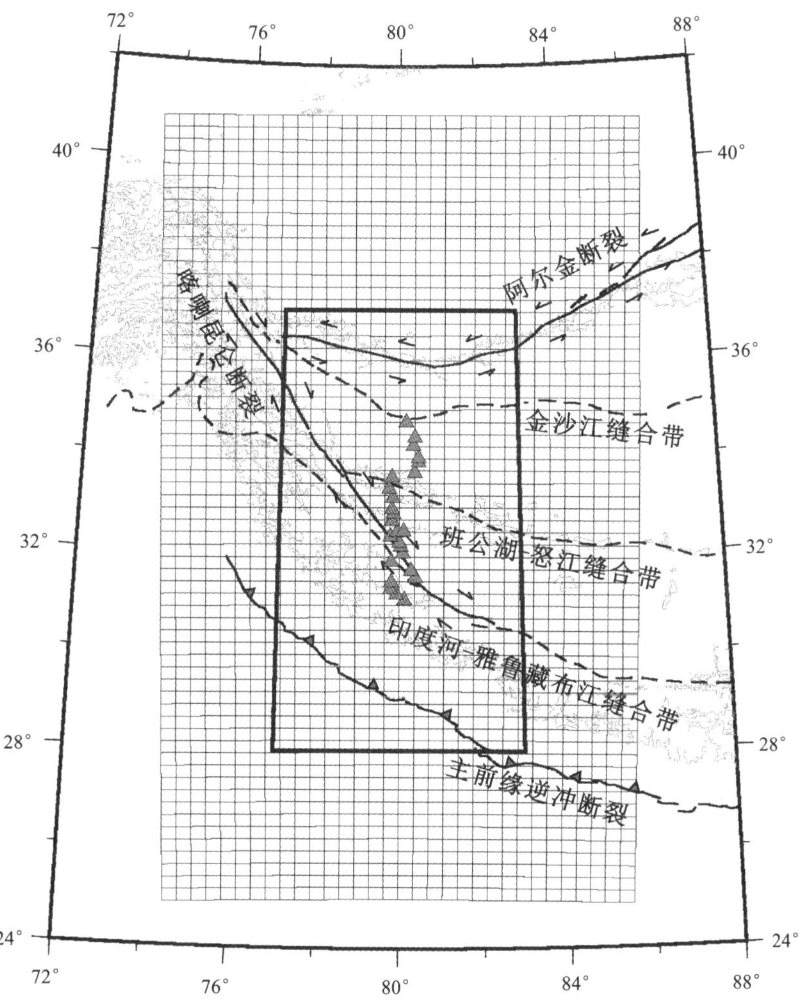

图 5.5　研究区域的模型参数化

灰色网格表示 33 ×65 ×33 模型的划分，黑色矩形表示最终反演结果显示的研究区域，灰色三角形表示研究区域内的台站，4500 m 的灰色等高线勾勒出了青藏高原的范围

$$d_i = G_{il} m_l \tag{5.3.2}$$

式中：$l=1, 2, \cdots, M$，M 为网格节点总数(以 33 ×65 ×33 模型为例，$M=33\times65\times33=70785$)；$d_i$ 表示第 i 个差异走时数据；G_{il}为第 l 个网格点上体积分以后的差异敏感核函数值；m_l 为第 l 个网格点上的模型参数，即速度相对扰动值。假定共有 N 个走时数据，式(5.3.2)可写成矩阵形式：

$$[\boldsymbol{d}]_{N\times1} = [\boldsymbol{G}]_{N\times M}[\boldsymbol{m}]_{M\times1} \tag{5.3.3}$$

从式(5.3.3)可以看出该反演的约束条件不足，因此在求解模型向量时，采用的是阻尼最小二乘方法(LSQR)，相应的解可写成[205]：

$$\boldsymbol{m} = (\boldsymbol{G}^{\mathrm{T}}\boldsymbol{G} + \theta^2\boldsymbol{I})^{-1}\boldsymbol{G}^{\mathrm{T}}\boldsymbol{d} \tag{5.3.4}$$

式中：$\boldsymbol{I}$ 表示单位矩阵；θ^2 为阻尼因子。

阻尼因子通常根据折衷曲线(图 5.6)表示的一组对应不同的模型方差和观测数据方差的阻尼因子来经验决定。本书根据相对小的数据方差和相对小的模型方差来选择最终反演使用的阻尼因子，最终选择大小为 8 的阻尼因子，使用该阻尼因子得到的 P 波和 S 波的(到时残差)数据的方差减小值分别为 66%、75%，P 波的到时方差减小值稍低反映了 P 波测量的到时噪声稍大些。

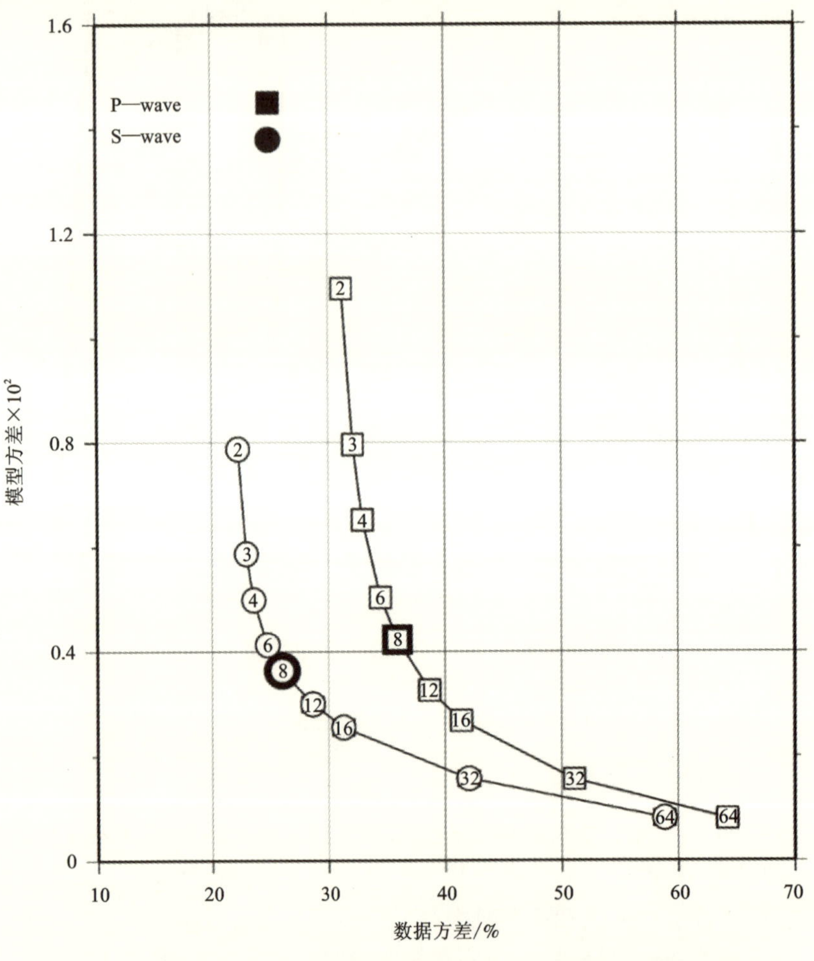

图 5.6 LSQR 方法下 P 波和 S 波的地震数据对模型变化的折衷曲线

加粗的框表示本书最终选择的反演结果，对应的阻尼因子大小为 8

5.3.3 反演结果的评价

检测板试验常被用来测试数据覆盖程度和反演方法对地壳和上地幔结构的恢复能力。用检测板进行测试时，首先建立一个理论的速度扰动输入模型，然后利用事件和台站构成的观测系统合成理论的地震波差异走时，具体在有限频理论中，可用走时 Fréchet 敏感度核函数和理论的速度扰动输入模型相乘得到模拟的相对走时：

$$\Delta t_{\text{syn}} = G\Delta c_{\text{syn}} \tag{5.3.5}$$

式中：G 与上节反演的 G 相同；Δc_{syn}为输入的扰动模型。之后将得到的模拟到时数据作为反演的观测数据，利用与实际反演相同的反演方法和阻尼因子得出扰动输出模型，将输入的扰动模型和输出模型相比较，从而确定针对整个模型能分辨的最小异常体的尺度即该模型所具有的分辨能力。

本书使用的检测板的输入模型是在每个速度扰动的格点上，速度扰动幅度从异常的中心向边缘余弦衰减至零[38, 152, 157]，以避免检测板之间边缘速度突变引起的高频成分，而这些高频成分在反演中是无法恢复的。在检测板试验中 P 波输入的最大速度扰动值为 ±2%，S 波输入的最大扰动值为 ±4%。由于本书使用的台站是来自一个南北向的宽频带流动地震剖面，关注的结构主要是速度扰动在南北向的变化，因此在纬度方向上采用两种不同的网格划分，分别使用经度、纬度、深度方向上为 33×33×33、33×65×33 的三维网格模型。同时，分别使用了两种不同尺寸的输入异常来测试模型的水平分辨率和垂直分辨率。

图 5.7 和图 5.8 分别对应 33×33×33 和 33×65×33 的三维网格划分模型下 P 波和 S 波的水平向分辨率测试结果。速度扰动模型在水平方向上分别采用约 180 km×300 km、120 km×200 km 的 P 波(图 5.7)和 S 波输入异常(图 5.8)，通过对比可以发现，前者恢复的异常形态要稍好于后者，但是两者恢复的异常形态都是可以分辨的，同时，可以看出 P 波模型的水平向分辨能力(图 5.7)要优于 S 波模型的分辨能力(图 5.8)，说明反演得到的速度模型中至少可以比较可靠地分辨水平方向 120 km×200 km 的异常。图 5.7(续)和 5.8(续)分别对应 33×65×33 的三维网格划分模型下，速度扰动模型在水平方向上分别采用 150 km×150 km、100 km×100 km 的 P 波和 S 波模型的水平分辨率测试结果。可以看出 P 波模型的水平方向分辨率[图 5.7(续)]要优于 S 波模型的分辨率[图 5.8(续)]，150 km 的速度异常网格的分辨率基本和 100 km 的速度异常网格的相当，说明可以分辨 100 km 尺度的异常大小，因此本书得到的层析成像速度模型中可以用来解释的异常的水平尺度大约为 100 km 或者更多，但恢复模型中的异常幅度明显小于输入异常。

图 5.9 对应于 33×33×33 的三维网格划分模型，输入异常在水平方向上约为 120 km×200 km，垂直方向上约为 100 km 的不同剖面的垂直方向检测板测试结果；图 5.9(续)对应于 33×65×33 的三维网格划分模型，输入异常在水平方向

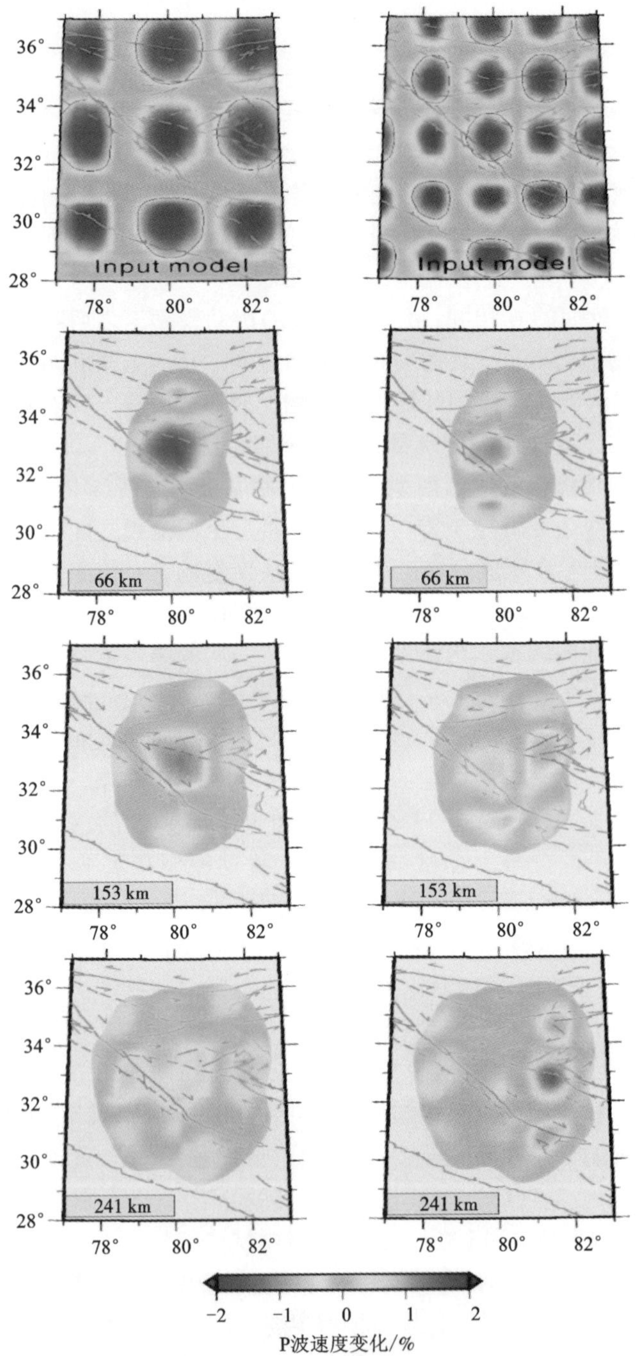

图 5.7　P 波水平向分辨率测试

对应 33×33×33 的三维网格划分模型，输入异常在水平方向上分别为 180 km×300 km、120 km×200 km

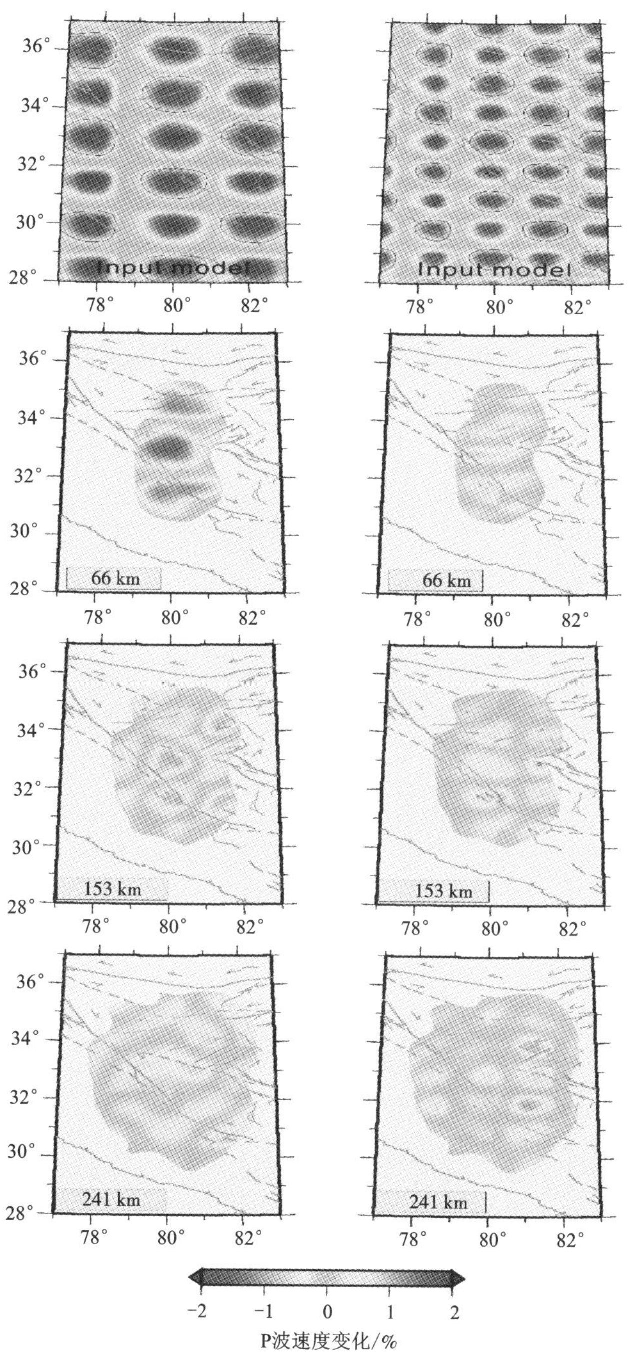

图 5.7　P 波水平向分辨率测试(续)

对应 33 × 65 × 33 的三维网格划分模型，输入异常在水平方向上分别约为 150 km × 150 km、100 km × 100 km

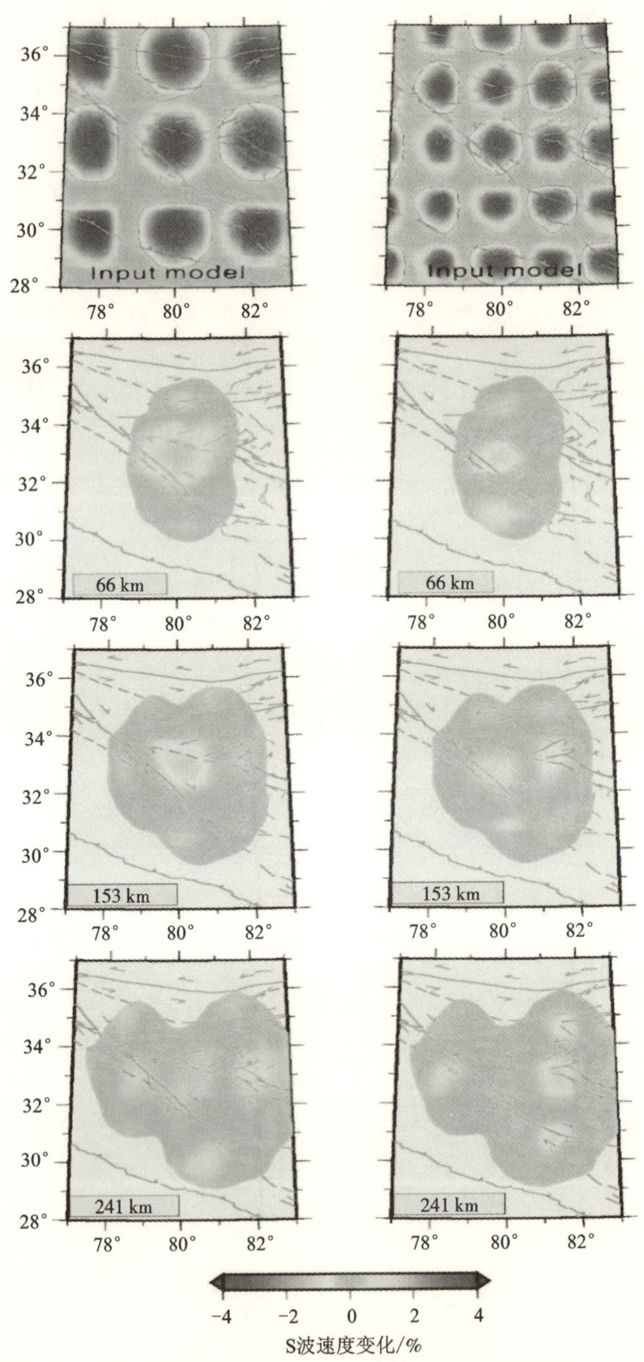

图 5.8　S 波水平向分辨率测试

对应 33×33×33 的三维网格划分模型，输入异常在水平方向上分别为 180 km×300 km、120 km×200 km

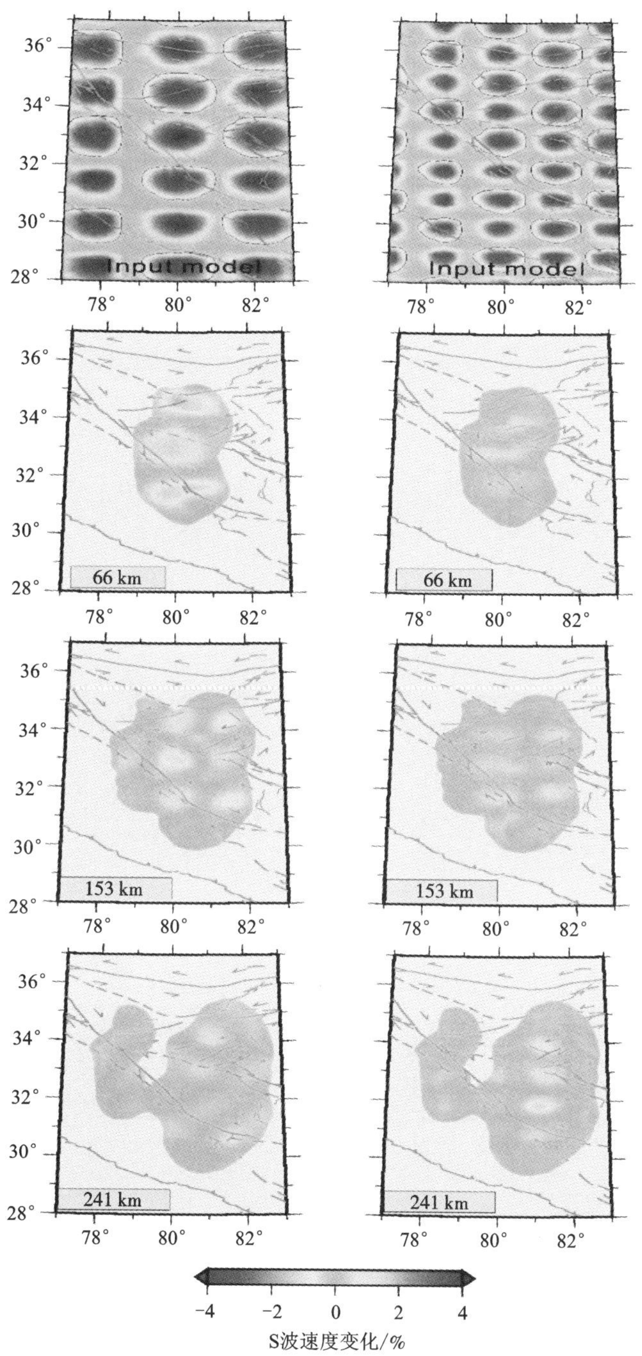

图 5.8　S 波水平向分辨率测试(续)

对应 33×65×33 的三维网格划分模型，输入异常在水平方向上分别约为 150 km×150 km、100 km×100 km

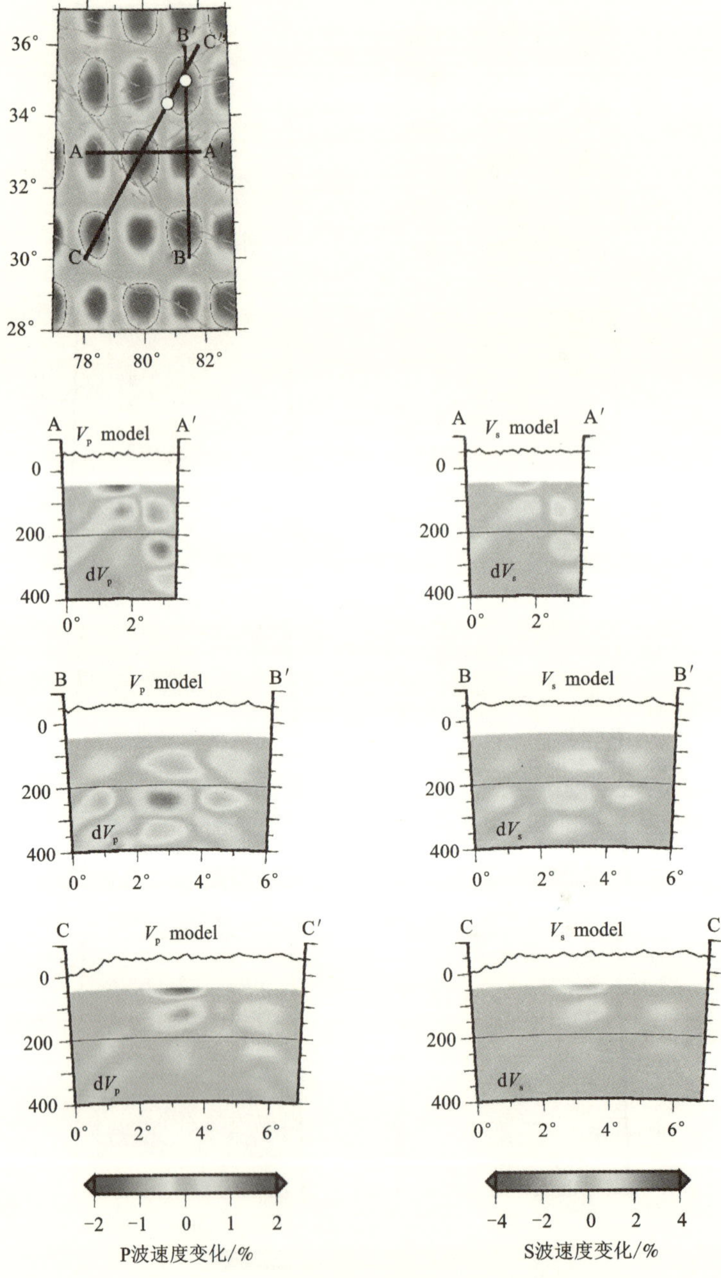

图 5.9　不同剖面的垂直向分辨率测试

对应 33×33×33 的三维网格划分模型，输入异常在水平方向上约为 120 km×200 km、垂直方向上约为 100 km 的 P 波和 S 波的垂直向分辨率。这三个剖面分别是沿着东西向、南北向以及印度板块与欧亚板块的汇聚方向

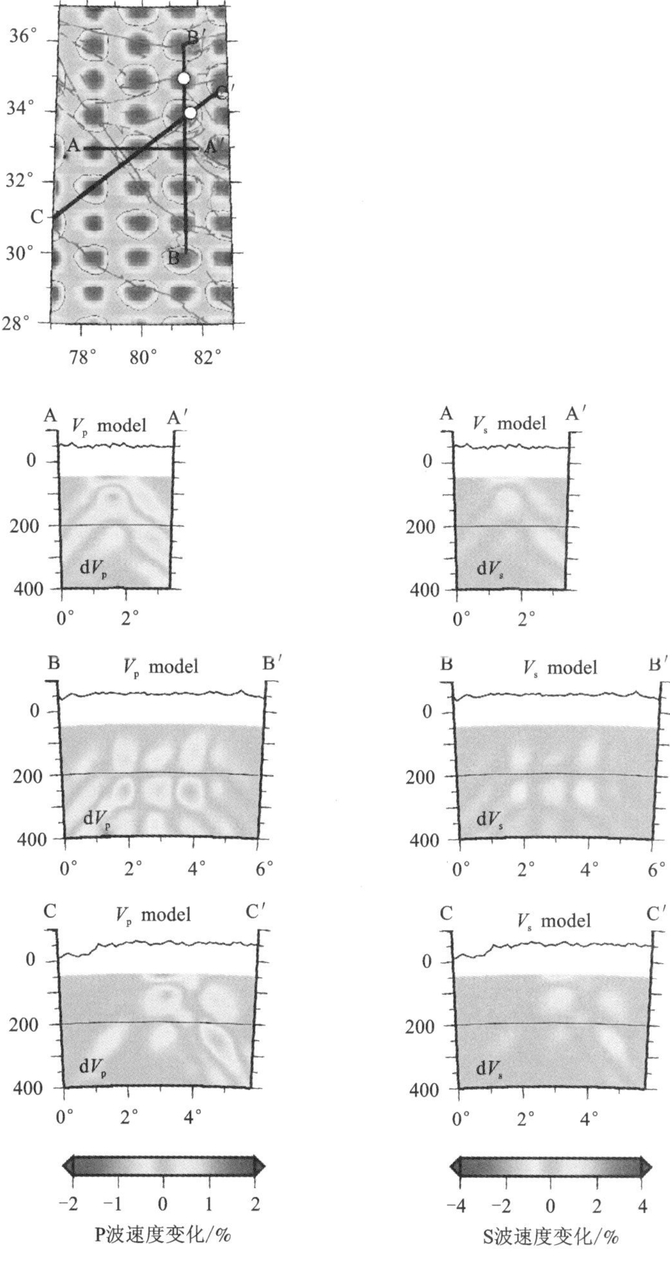

图 5.9　不同剖面的垂直向分辨率测试(续)

对应 33 × 65 × 33 的三维网格划分模型，输入异常在水平方向上约为 100 km × 100 km，垂直方向上约为 100 km 的 P 波和 S 波的垂直向分辨率。这三个剖面分别是沿着东西向、南北向以及近似沿印度板块与欧亚板块的汇聚方向

上约为 100 km×100 km，垂直方向上约为 100 km 的不同剖面的垂直向检测板测试结果。从图中可以看出两种网格划分情况下不同大小的速度异常扰动，沿着不同剖面恢复的程度，其中沿剖面方向最好，P 波速度模型在整个上地幔都可以恢复得比较好，但是 S 波的速度模型在大于 300 km 的深度上开始变的模糊，因此在接下来的反演结果的讨论中，本书只对 P 波速度模型 400 km 深度以上的部分和 S 波速度模型 300 km 以上深度的异常进行解释和讨论。根据分辨率的结果，最后实际反演的结果也按相应的范围进行了切割，这样保证了解释的速度异常的可靠性。

5.4 青藏高原西部的 P 波和 S 波速度结构反演结果及分析

5.4.1 不同深度的反演结果

通过 5.2.3 节分别对两种不同纬度方向所划分的网格模型做了分辨率测试[图 5.7、图 5.8、图 5.9]，结果表明两种网格的输出模型基本一致，因此选择 33×65×33 的三维网格模型作为最终反演的网格模型进行反演，获得到了 P 波和 S 波的速度模型(图 5.10 和图 5.11)。为了圈定速度异常的平面展布特征和分布范围，首先对层析成像的结果作了不同深度的水平剖面图(图 5.10)。反演结果的 P 波模型最显著的特征是在研究区南部以高速异常为主，这个高速异常延伸到 240 km 深度；并且高速异常在不同深度延伸的位置有差别，从浅到深，从班公湖－怒江缝合带以北延伸到班公湖－怒江缝合带附近。作者认为这个高速异常是印度的地幔岩石圈的反映，因而推测印度岩石圈俯冲前缘最北到达班公湖－怒江缝合带附近。在这个高速异常的北边是一个比较强的低速异常。反演结果的 S 波模型在 240 km 深度也显示高速异常，但在浅层(66～109 km)高速异常不明显，可能跟 S 波的数据射线覆盖不均匀有关，并且在 S 波的反演结果中也能看到研究区北部有一个明显的低速异常。

5.4.2 垂直剖面上的反演结果

为了进一步圈定上述高速异常和低速异常的垂直分布特征，从而刻画印度岩石圈俯冲的形态，追踪板块俯冲前缘的位置，进而探求印度板块与欧亚板块碰撞接触关系，作者对反演的三维速度模型在研究区域内作了两个不同位置的垂向层析成像的切面图，如图 5.11 所示。本书按一定的敏感度核函数值对垂直切片图进行切割，接下来只对切割的部分作分析和讨论。速度结构图像表明班公湖－怒江缝合带以南岩石圈以高速异常为主，并以一个高的角度延伸到了 350 km 深度，班公湖－怒江缝合带以北岩石圈以低速异常为主。将这个高速异常解释为印度的

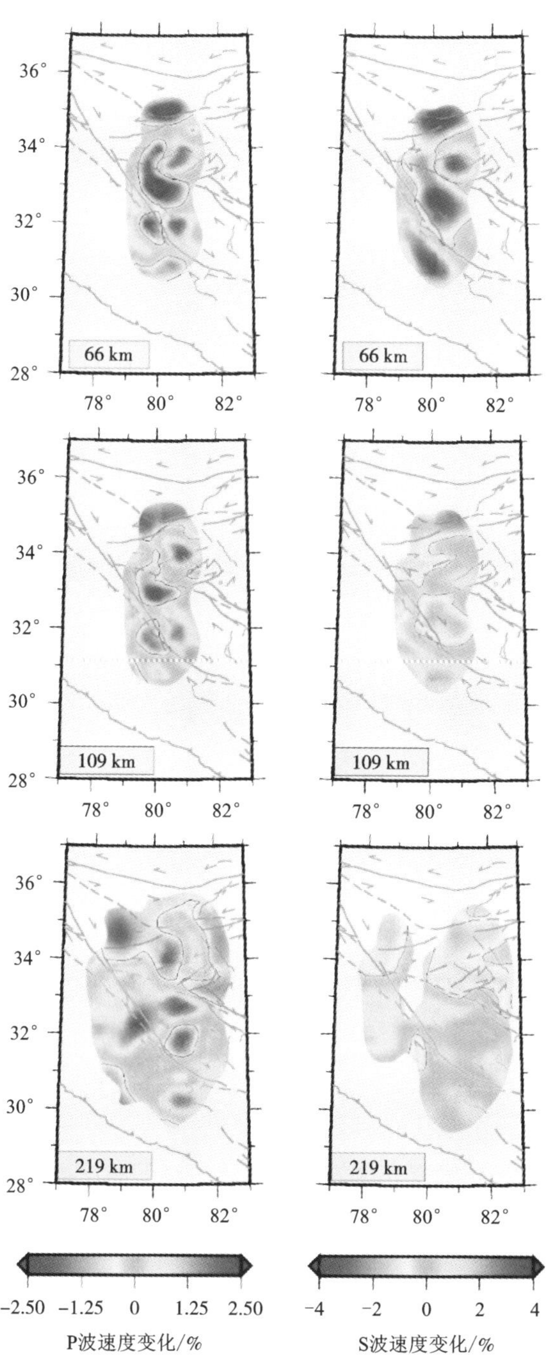

图 5.10　不同深度的 P 波和 S 波速度的水平切片

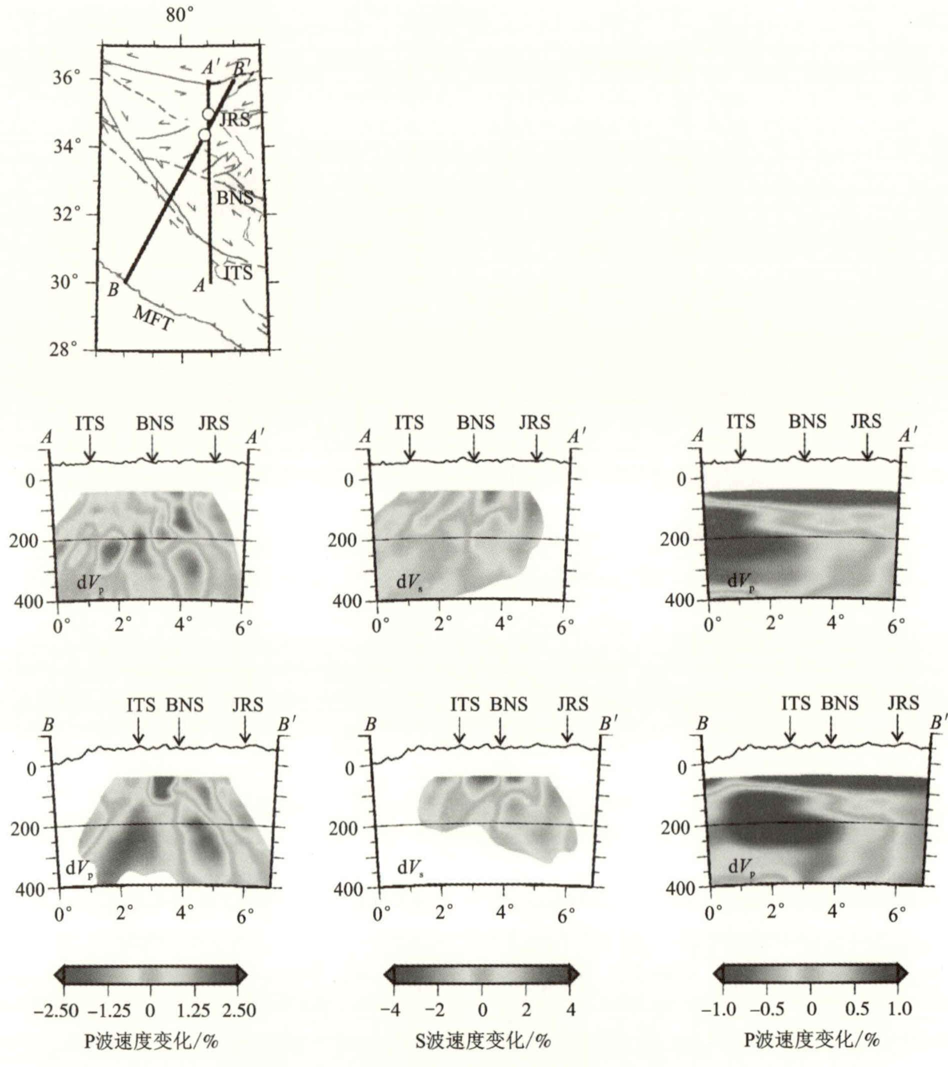

图 5.11　不同剖面的 P 波和 S 波速度的垂直切片

两个剖面分别是：*AA′*沿着南北方向，*BB′*沿着印度板块与欧亚板块的汇聚方向

地幔岩石圈，因而推测可能是印度岩石圈以比较高的角度向北俯冲，俯冲前缘最北到达班公湖－怒江缝合带附近。

为了进一步确定班公湖－怒江缝合带以南的高速异常的形态和深度，以及以北的低速异常，作者分别进行了两组恢复试验[38, 152, 206]。采用两个简单的俯冲板片模型作为输入，一个是水平俯冲(underthrust)模型，另一个是高角度俯冲(subduction)模型，并且在高速异常的北边设置一个低速异常，对应于反演得到的速度模型中的低速异常(图 5.12)，剖面 *AA′*的位置与图 5.11 相同。图 5.12 的输出模型显示对输入模型的高低速异常得到了很好的恢复，从侧面说明图 5.11 较好地反映了地下真实的上地幔结构，图中显示的高低速异常以及高角度的俯冲是可信的。

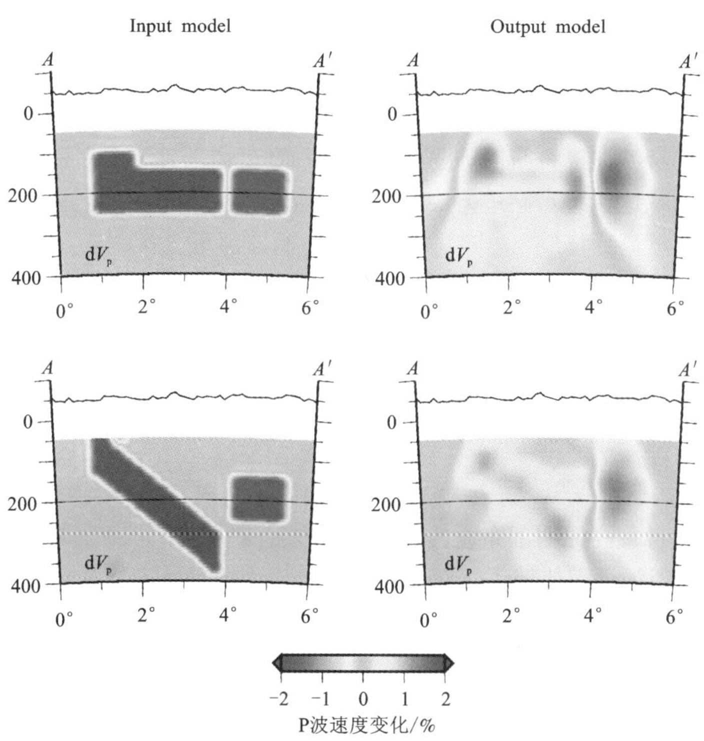

图 5.12　恢复试验

*AA′*的位置与图 5.11 中的 *AA′*位置相同

接下来对垂直剖面上的高低速异常及其形态与前人在青藏高原西部开展的层析成像结果进行对比和解释。中法科学家沿着西昆仑新藏公路进行的天然地震观测发现塔里木岩石圈以 45°向南俯冲了至少 300 km[117, 123]。中国地质科学院高锐等[115, 116, 122]学者及合作的台湾地区科学家在该地区进行的爆破地震研究和新疆于田地区进行的天然地震研究发现存在塔里木向南及青藏高原向北的相向俯冲碰撞和莫霍面叠置现象。而赵俊猛等[31, 127]学者在沿着 ANTILOPE 计划测线观测到：上地幔高速异常和 LAB 形态基本一致，印度岩石圈在 100 ~ 250 km 深度上近乎水平地下冲到金沙江缝合带附近。对整个青藏高原地区的层析成像结果显示俯冲的印度岩石圈整体从东向西俯冲角度变浅，向北延伸更远[30]。上述这些层析成像结果都显示在青藏高原西部印度岩石圈已经俯冲到了整个印度岩石圈，最北到达了塔里木盆地附近。作者从 Li 等[30]的速度模型中截取了相同的剖面，结果如图 5.11 所示，可见其可分辨的高速异常也大致在班公湖 - 怒江缝合带附近，与本书结果类似，而班公湖 - 怒江缝合带以北到金沙江缝合带之间的高速异常分辨率很低，并且其显示高速印度岩石圈以很小的角度下冲到班公湖 - 怒江缝合带附近；与之区别的是，本书在研究区的反演结果分辨率更高，能分辨更多的细节，结果显示印度岩石圈以高角度俯冲到了班公湖 - 怒江缝合带附近。

另外，赵俊猛等[127]学者在青藏高原西部观测到，高速印度岩石圈和塔里木岩石圈之间在金沙江缝合带同阿尔金断裂间存在低速上地幔，且该低速区域存在横向变化。沿札达 - 泉水湖进行的大地电磁观测则反映中下地壳及上地幔顶部存在大规模不连续高导体[126]。与本书在青藏高原西部班公湖 - 怒江缝合带以北上地幔发现的低速异常一致。综合上述分析结果，初步推测青藏高原西部班公湖 - 怒江缝合带以北发现的上地幔低速异常可能是由于岩石圈地幔的拆沉引起软流圈物质的上涌所导致的。

5.5 小 结

本书基于青藏高原西部布设的 TW80 宽频带流动地震台站观测剖面的波形数据，开展了有限频远震体波走时层析成像和地壳上地幔速度结构特征研究。方位角平均走时残差图像显示在研究区南部 P、S 波的走时表现为相对一维地球参考速度模型走时偏快的负异常，而北部则表现为相对一维地球参考速度模型走时偏慢的正异常。有限频远震体波层析成像结果显示，在研究区南部有一个明显的 P 波高速异常。这个高速异常应当是俯冲的印度岩石圈。它以一个很高的角度延伸到大约 350 km（深度）。在班公湖 - 怒江缝合带附近以及其北侧，P 波和 S 波的速度模型均显示明显的低速异常。结合这两者，作者初步推测印度岩石圈以高角度俯冲到了班公湖 - 怒江缝合带附近，没有继续向北俯冲，班公湖 - 怒江缝合带以北的低速异常可能是由岩石圈地幔的拆沉作用引起软流圈物质的上涌所导致的。

第6章 结 论

6.1 认识和结论

华南大陆是扬子块体和华夏块体两个微板块在新元古代晚期碰撞拼合形成的古老造山带，记录了多期板块聚散过程，经历了不同时代的构造运动和变形，是研究大陆再造和造山带演化的天然实验室。青藏高原是新生代大约45 Ma时期印度板块与欧亚板块发生陆－陆碰撞形成的相对较新的造山带，而青藏高原西部是碰撞挤压变形最强烈的部位。它的隆升过程可以为研究青藏高原演化过程提供重要信息。为了理解新老碰撞造山带的演化过程以及造山带内部正在发生的动力学过程，本书在这两个新老碰撞造山带的典型地区——华南地区和青藏高原西部，分别开展了岩石圈深部结构成像研究。根据在华南及其邻区和青藏高原西部开展的层析成像工作主要得到了以下几点结论和认识：

(1)对比基于两种不同网格化方案获得的华南地区瑞利波群速度成像结果，表明在本书所利用的射线覆盖条件下，不同的模型参数化方案对总体的速度异常分布特征影响不大，但是对异常的具体形态会有影响。因此，在射线覆盖有限、网格剖分尺寸较大的情况下，针对某些异常体形态的讨论过程中，需考虑到不同模型参数化方案对反演结果带来的潜在影响。

(2)群速度频散的研究结果表明：短周期的低速异常一般对应大的沉积盆地，而高速异常一般对应造山带或大的构造单元之间的过渡区；中等周期总体上体现了自北西向东南由内陆向深海区过渡，不同构造单元地壳厚度对中等周期群速度的影响特征，同时在扬子块体内部观测到东西向差异。长周期的群速度图像，大体表征了不同块体岩石圈厚度的差异。不同构造单元的平均频散曲线差别比较大，整体表现为由扬子块体向华夏块体的变化反映在南海海盆地壳和岩石圈厚度两者都逐渐减小，反映了不同块体地壳上地幔结构的差异。

(3)S波速度结构的研究结果表明：扬子、华夏、南海北部陆缘及南海海盆等典型构造部位壳－幔速度结构与分层特征之间的差异：扬子和华夏块体壳－幔结构特征差异显著，扬子块体地壳和岩石圈厚度均大于华夏块体，扬子块体上地幔顶部速度较低，且在雪峰山造山带下方岩石圈厚度发生过渡和转换，同时在雪峰山造山带内部岩石圈速度存在一个自西向东的变化。

(4)南海海盆速度较高，很好地勾勒出了海盆的轮廓，南海海盆岩石圈厚度为60～80 km；南海北部陆缘地带形态相对完整，表现为非火山型大陆边缘的特征；南海海盆地幔速度较高以及软流圈内低速不明显，表现为一个已停止扩张的年轻海盆的结构特征。

(5)方位角平均走时残差图像显示在青藏高原西南部P波和S波的走时表现为相对一维地球参考速度模型走时偏快的负异常，而北部则表现为相对一维地球参考速度模型走时偏慢的正异常。

(6)反演得到的P波和S波速度模型显示：在研究区南部上地幔有一个明显的高速异常。它以一个很高的角度延伸到大约350 km(深度)。这个高速异常可能是俯冲的印度岩石圈。在班公湖－怒江缝合带附近以及其北侧，速度模型显示为明显的低速异常。

(7)初步推测印度岩石圈板片以高角度俯冲到了班公湖－怒江缝合带附近，没有继续向北俯冲，班公湖－怒江缝合带以北的低速异常可能是由于发生岩石圈地幔拆沉引起的软流圈物质上涌所导致的。

(8)综合两个新老造山带典型地区的研究结果表明，新老造山带的深部结构具有不同特征，雪峰山老造山带岩石圈记录了构造历史变形，而新造山带岩石圈结构则同现今构造密切相关。这些结果对认识新老造山带的特征提供了重要信息。

6.2 今后工作的设想

从华南及南海北部地区的面波层析成像可以看出，尽管在本书的研究中观测到了雪峰山造山带下方岩石圈厚度发生过渡和转换，南海海盆分布的范围可能比实际的要大，红河断裂带地幔部分的相对低速，但可能与青藏高原的东向挤出有关。从青藏高原西部的有限频体波层析成像结果看出，印度岩石圈以高角度俯冲到了班公湖－怒江缝合带附近，班公湖－怒江缝合带以北可能发生了岩石圈地幔的拆沉作用；但在研究区南部存在一定的低速异常，藏北上地幔低速体的三维空间分布也存在重要争议。为了更加深入了解雪峰山造山带的构造属性以及在青藏高原西部印度板块与欧亚板块的碰撞关系；发现并解决比如海南岛的地幔柱存在与否，印度板块与欧亚板块的碰撞挤出、红河断裂的发育对南海扩张与关闭的影响等潜在的科学问题，都需要在某些更具体的区域或者相邻更大范围的研究区开展有针对性的高分辨率岩石圈结构研究。

未来的工作设想主要是两方面。

(1)数据方面：在具体的研究区需要增加一些台站的波形数据，从而提高典型块体密集的射线覆盖；由于本书采用的是单台法提取面波频散，射线路径有较大部分落在研究区域外，可能降低了研究区内面波层析成像的分辨能力，在后续的工作中，将尝试采用双台法来提取瑞利面波和勒夫面波的群速度和相速度，从而减少频散提取的误差，并提高面波成像的分辨率；此外还可以利用基于台站间噪声信号的互相关分析提取格林函数，计算面波频散的背景噪声层析成像方法来提取短中周期的频散，为高分辨率的浅部结构成像提供更好的数据保障。

(2)方法方面：面波层析成像方法在垂直方向具有更好的解析度，尤其是在一维随深度变化的速度模型的求解中，面波的频散特性所体现出来的优势，更是体波层析成像方法无法比拟的；此外面波层析成像可以得到介质的绝对速度并对地球浅部有比较好的分辨率；但面波的波长比体波长得多，面波层析成像方法在水平方向的分辨率要比体波层析成像差很多。而有限频远震体波层析成像中，射线都是以近垂直的方向入射观测台阵，在台阵下方的浅部没有形成足够的射线交叉或者敏感核的重叠，对岩石圈地幔结构分辨比较好，但对地球浅部结构的分辨受到限制。利用面波层析成像对垂向变化的敏感并对地球浅部结构的良好解析和有限频远震体波层析成像对横向变化的敏感并对岩石圈地幔结构的良好分辨的技术优势，开展两种技术联合应用就可以更精确地确定研究区域的一维乃至三维的速度结构，为更深入了解研究区的深部动力学过程提供更好的岩石圈结构约束。

参考文献

[1] Hsü K J, Li J, Chen H, et al. Tectonics of South China: Key to understanding West Pacific geology[J]. Tectonophysics, 1990, 183(1): 9 - 39.

[2] Li Z X, Zhang L, Powell C M A. South China in Rodinia: part of the missing link between Australia - East Antarctica and Laurentia? [J]. Geology, 1995, 23(5): 407 - 410.

[3] Yin A, Harrison T M. Geologic evolution of the Himalayan - Tibetan orogen[J]. Annual Review of Earth and Planetary Sciences, 2000, 28(1): 211 - 280.

[4] Tapponnier P, Zhiqin X, Roger F, et al. Oblique stepwise rise and growth of the Tibet Plateau [J]. Science, 2001, 294(5547): 1671 - 1677.

[5] Tapponnier P, Peltzer G, Armijo R. On the mechanics of the collision between India and Asia [M]. Geological Society, London, Special Publications, 1986.

[6] Briais A, Patriat P, Tapponnier P. Updated interpretation of magnetic anomalies and seafloor spreading stages in the South China Sea: Implications for the Tertiary tectonics of Southeast Asia [J]. Journal of Geophysical Research: Solid Earth, 1993, 98(B4): 6299 - 6328.

[7] 嵇少丞，王茜，孙圣思，等. 亚洲大陆逃逸构造与现今中国地震活动[J]. 地质学报，2008, 82(12): 1644 - 1667.

[8] 郭令智，施央申，马瑞士. 华南大地构造格架和地壳演化[M]. 国际交流地质学术论文集(一). 北京：地质出版社，1980.

[9] Wang J, Li Z X. History of Neoproterozoic rift basins in South China: implications for Rodinia break - up[J]. Precambrian Research, 2003, 122(1 - 4): 141 - 158.

[10] Shu L S, Faure M, Yu J H, et al. Geochronological and geochemical features of the Cathaysia block (South China): New evidence for the Neoproterozoic breakup of Rodinia [J]. Precambrian Research, 2011, 187(3 - 4): 263 - 276.

[11] Chu Y, Faure M, Lin W, et al. Early Mesozoic tectonics of the South China block: Insights from the Xuefengshan intracontinental orogen[J]. Journal of Asian Earth Sciences, 2012, 61: 199 - 220.

[12] 张国伟，郭安林，王岳军，等. 中国华南大陆构造与问题[J]. 中国科学：地球科学，2013, 43(10): 1553 - 1582.

[13] Taylor B, Hayes D E. Origin and history of the South China Sea basin[J]. The tectonic and geologic evolution of Southeast Asian seas and islands: Part 2, 1983, 27: 23 - 56.

[14] Ru K, Pigott J D. Episodic rifting and subsidence in the South China Sea[J]. AAPG Bulletin, 1986, 70(9): 1136 - 1155.

[15] Hayes D E, Nissen S S. The South China sea margins: Implications for rifting contrasts[J]. Earth and Planetary Science Letters, 2005, 237(3 - 4): 601 - 616.

[16] 张中杰, 刘一峰, 张素芳, 等. 南海北部珠江口 - 琼东南盆地地壳速度结构与几何分层[J]. 地球物理学报, 2009, 52(10): 2461 - 2471.

[17] 张中杰, 刘一峰, 张素芳, 等. 琼东南盆地地壳伸展深度依赖性及其动力学意义[J]. 地球物理学报, 2010, 53(1): 57 - 66.

[18] Wang Y, Fan W, Guo F, et al. Geochemistry of Mesozoic mafic rocks adjacent to the Chenzhou - Linwu fault, South China: implications for the lithospheric boundary between the Yangtze and Cathaysia blocks[J]. International Geology Review, 2003, 45(3): 263 - 286.

[19] Zheng Y F, Zhang S B. Formation and evolution of Precambrian continental crust in South China[J]. Chinese Science Bulletin, 2007, 52(1): 1 - 12.

[20] Chen C H, Lee C Y, Shinjo R. Was there Jurassic paleo - Pacific subduction in South China?: Constraints from 40Ar/39Ar dating, elemental and Sr - Nd - Pb isotopic geochemistry of the Mesozoic basalts[J]. Lithos, 2008, 106(1 - 2): 83 - 92.

[21] Li Z X, Li X H, Li W X, et al. Was Cathaysia part of Proterozoic Laurentia? - new data from Hainan Island, South China[J]. Terra Nova, 2008, 20(2): 154 - 164.

[22] Wong J, Sun M, Xing G, et al. Geochemical and zircon U - Pb and Hf isotopic study of the Baijuhuajian metaluminous A - type granite: extension at 125 - 100 Ma and its tectonic significance for South China[J]. Lithos, 2009, 112(3 - 4): 289 - 305.

[23] 饶家荣, 肖海云, 刘耀荣, 等. 扬子、华夏古板块会聚带在湖南的位置[J]. 地球物理学报, 2012, 55(2): 484 - 502.

[24] Zhao G. Jiangnan Orogen in South China: developing from divergent double subduction[J]. Gondwana Research, 2015, 27(3): 1173 - 1180.

[25] Taylor B, Hayes D E. The tectonic evolution of the South China Basin[J]. The tectonic and geologic evolution of Southeast Asian seas and islands, 1980, 23: 89 - 104.

[26] Tapponnier P, Lacassin R, Leloup P H, et al. The Ailao Shan/Red River metamorphic belt: tertiary left - lateral shear between Indochina and South China[J]. Nature, 1990, 343(6257): 431 - 437.

[27] Lei J, Zhao D, Steinberger B, et al. New seismic constraints on the upper mantle structure of the Hainan plume[J]. Physics of the Earth and Planetary Interiors, 2009, 173(1 - 2): 33 - 50.

[28] Huang J, Zhao D. High - resolution mantle tomography of China and surrounding regions[J]. Journal of Geophysical Research: Solid Earth, 2006, 111(B9).

[29] Kumar P, Yuan X, Kind R, et al. Imaging the colliding Indian and Asian lithospheric plates

beneath Tibet[J]. Journal of Geophysical Research: Solid Earth, 2006, 111(B6).

[30] Li C, Van der Hilst R D, Meltzer A S, et al. Subduction of the Indian lithosphere beneath the Tibetan Plateau and Burma [J]. Earth and Planetary Science Letters, 2008, 274 (1): 157 - 168.

[31] Zhao J, Yuan X, Liu H, et al. The boundary between the Indian and Asian tectonic plates below Tibet[J]. Proceedings of the National Academy of Sciences, 2010, 107(25): 11229 - 11233.

[32] Xu Q, Zhao J, Pei S, et al. The lithosphere - asthenosphere boundary revealed by S - receiver functions from the Hi - CLIMB experiment[J]. Geophysical Journal International, 2011, 187 (1): 414 - 420.

[33] Zhou H, Murphy M A. Tomographic evidence for wholesale underthrusting of India beneath the entire Tibetan plateau[J]. Journal of Asian Earth Sciences, 2005, 25(3): 445 - 457.

[34] Pei S, Zhao J, Sun Y, et al. Upper mantle seismic velocities and anisotropy in China determined through Pn and Sn tomography[J]. Journal of Geophysical Research: Solid Earth, 2007, 112(B5).

[35] Ren Y, Shen Y. Finite frequency tomography in southeastern Tibet: evidence for the causal relationship between mantle lithosphere delamination and the north - south trending rifts[J]. Journal of Geophysical Research: Solid Earth, 2008, 113(B10).

[36] He R, Zhao D, Gao R, et al. Tracing the Indian lithospheric mantle beneath central Tibetan Plateau using teleseismic tomography[J]. Tectonophysics, 2010, 491(1 - 4): 230 - 243.

[37] Wei S, Chen Y J, Sandvol E, et al. Regional earthquakes in northern Tibetan Plateau: Implications for lithospheric strength in Tibet[J]. Geophysical Research Letters, 2010, 37(19).

[38] Liang X, Shen Y, Chen Y J, et al. Crustal and mantle velocity models of southern Tibet from finite frequency tomography[J]. Journal of Geophysical Research: Solid Earth, 2011, 116 (B2).

[39] Chen Y, Li W, Yuan X, et al. Tearing of the Indian lithospheric slab beneath southern Tibet revealed by SKS - wave splitting measurements[J]. Earth and Planetary Science Letters, 2015, 413: 13 - 24.

[40] Royden L H, Burchfiel B C, King R W, et al. Surface deformation and lower crustal flow in eastern Tibet[J]. Science, 1997, 276(5313): 788 - 790.

[41] Searle M P, Elliott J R, Phillips R J, et al. Crustal - lithospheric structure and continental extrusion of Tibet[J]. Journal of the Geological Society, 2011, 168(3): 633 - 672.

[42] 舒良树. 华南构造演化的基本特征[J]. 地质通报, 2012, 31(7): 1035 - 1053.

[43] Li Z X, Li X H. Formation of the 1300 - km - wide intracontinental orogen and postorogenic magmatic province in Mesozoic South China: a flat - slab subduction model[J]. Geology, 2007, 35(2): 179 - 182.

[44] Zhou X M, Li W X. Origin of Late Mesozoic igneous rocks in Southeastern China: implications

for lithosphere subduction and underplating of mafic magmas[J]. Tectonophysics, 2000, 326(3): 269-287.

[45] Zhou X, Sun T, Shen W, et al. Petrogenesis of Mesozoic granitoids and volcanic rocks in South China: a response to tectonic evolution[J]. Episodes, 2006, 29(1): 26-33.

[46] 舒良树, 周新民. 中国东南部晚中生代构造作用[J]. 地质论评(中文界面), 2002, 48(3): 249-260.

[47] 肖庆辉. 花岗岩研究与思维方法[M]. 北京: 地质出版社, 2001.

[48] 姚伯初, 万玲. 中国南海海域岩石圈三维结构及演化[M]. 北京: 地质出版社, 2006.

[49] 朱介寿. 中国华南及东海地区岩石圈三维结构及演化[M]. 北京: 地质出版社, 2005.

[50] 冯锐, 朱介寿, 丁韫玉, 等. 利用地震面波研究中国地壳结构[J]. 地震学报, 1981, 3(4): 335-350.

[51] 胡家富, 庄真, 滕吉文. 中长周期数字化面波记录与中国东南地区地壳结构[J]. 地球物理学报, 1992, 35(5): 584-593.

[52] 刘建华, 吴华, 刘福田. 华南及其海域三维速度分布特征与岩石层结构[J]. 地球物理学报, 1996, 39(4): 483-492.

[53] Zeng H, Zhang Q, Li Y, et al. Crustal structure inferred from gravity anomalies in South China[J]. Tectonophysics, 1997, 283(1-4): 189-203.

[54] 姚伯初. 南海北部陆缘的地壳结构及构造意义[J]. 海洋地质与第四纪地质, 1998, 18(2): 1-16.

[55] 滕吉文, 闫雅芬, 张慧, 等. 东亚大陆及周边海域 Moho 界面深度分布和基本构造格局[J]. 中国科学: 地球科学, 2002, 32(2): 89-100.

[56] 郑圻森, 朱介寿, 宣瑞卿, 等. 华南地区地壳速度结构分析[J]. 沉积与特提斯地质, 2003, 23(4): 9-13.

[57] Zhang Z, José Badal, Li Y, et al. Crust-upper mantle seismic velocity structure across Southeastern China[J]. Tectonophysics, 2005, 395(1-2): 137-157.

[58] Zhang Z, Wang Y. Crustal structure and contact relationship revealed from deep seismic sounding data in South China[J]. Physics of the Earth and Planetary Interiors, 2007, 165(1): 114-126.

[59] Zhang Z, Zhang X, Badal J. Composition of the crust beneath southeastern China derived from an integrated geophysical data set[J]. Journal of Geophysical Research: Solid Earth, 2008, 113(B4).

[60] Zhang Z, Bai Z, Mooney W, et al. Crustal structure across the Three Gorges area of the Yangtze platform, central China, from seismic refraction/wide-angle reflection data[J]. Tectonophysics, 2009, 475(3-4): 423-437.

[61] Zhang Z, Xu T, Zhao B, et al. Systematic variations in seismic velocity and reflection in the crust of Cathaysia: new constraints on intraplate orogeny in the South China continent[J]. Gondwana Research, 2013, 24(3-4): 902-917.

[62] 熊小松, 高锐, 李秋生, 等. 深地震探测揭示的华南地区莫霍面深度[J]. 地球学报,

2009, 30(6): 774 - 786.

[63] 邓阳凡, 李守林, 范蔚茗, 等. 深地震测深揭示的华南地区地壳结构及其动力学意义[J]. 地球物理学报, 2011, 54(10): 2560 - 2574.

[64] Pin Y, Di Z, Zhaoshu L. A crustal structure profile across the northern continental margin of South China Sea[J]. Tectonophysics, 2001, 338(1): 1 - 21.

[65] 秦静欣, 郝天珧, 徐亚, 等. 南海及邻区莫霍面深度分布特征及其与各构造单元的关系[J]. 地球物理学报, 2011, 54(12): 3171 - 3183.

[66] 卫小冬, 赵明辉, 阮爱国, 等. 南海中北部陆缘横波速度结构及其构造意义[J]. 地球物理学报, 2011, 54(12): 3150 - 3160.

[67] Li C, Van der Hilst R D, Toksöz M N. Constraining P - wave velocity variations in the upper mantle beneath Southeast Asia[J]. Physics of the Earth and Planetary Interiors, 2006, 154(2): 180 - 195.

[68] 胥颐, 李志伟, 郝天珧, 等. 南海东北部及其邻近地区的 Pn 波速度结构与各向异性[J]. 地球物理学报, 2007, 50(5): 1473 - 1479.

[69] 李志伟, 胥颐, 郝天珧, 等. 南海东北部及其邻近地区地壳上地幔 P 波速度结构[J]. 地学前缘, 2009, 16(4): 252 - 260.

[70] Ai Y, Chen Q, Zeng F, et al. The crust and upper mantle structure beneath southeastern China[J]. Earth and Planetary Science Letters, 2007, 260(3): 549 - 563.

[71] 姚伯初, 万玲. 南海岩石圈厚度变化特征及其构造意义[J]. 中国地质, 2010, 37(4): 888 - 899.

[72] Zhao L, Zheng T, Lu G. Distinct upper mantle deformation of cratons in response to subduction: constraints from SKS wave splitting measurements in eastern China[J]. Gondwana Research, 2013, 23(1): 39 - 53.

[73] Huang Z, Su W, Peng Y, et al. Rayleigh wave tomography of China and adjacent regions[J]. Journal of Geophysical Research: Solid Earth, 2003, 108(B2).

[74] Feng M, Van der Lee S, An M, et al. Lithospheric thickness, thinning, subduction, and interaction with the asthenosphere beneath China from the joint inversion of seismic S - wave train fits and Rayleigh - wave dispersion curves[J]. Lithos, 2010, 120(1): 116 - 130.

[75] Obrebski M, Allen R M, Zhang F, et al. Shear wave tomography of China using joint inversion of body and surface wave constraints[J]. Journal of Geophysical Research: Solid Earth, 2012, 117(B1).

[76] Li Y, Wu Q, Pan J, et al. An upper - mantle S - wave velocity model for East Asia from Rayleigh wave tomography[J]. Earth and Planetary Science Letters, 2013, 377: 367 - 377.

[77] Bao X, Song X, Li J. High - resolution lithospheric structure beneath Mainland China from ambient noise and earthquake surface - wave tomography[J]. Earth and Planetary Science Letters, 2015, 417: 132 - 141.

[78] 徐果明, 李光品, 王善恩, 等. 用瑞利面波资料反演中国大陆东部地壳上地幔横波速度的三维构造[J]. 地球物理学报, 2000, 43(3): 366 - 376.

[79] 滕吉文，张中杰，胡家富，等. 中国东南大陆及陆缘地带的瑞利波频散与剪切波三维速度结构[J]. 地球物理学报，2001，44(5)：663－677.

[80] 曹小林，朱介寿，赵连锋，等. 南海及邻区地壳上地幔三维S波速度结构的面波波形反演[J]. 地震学报，2001，23(2)：113－124.

[81] 黄忠贤，胥颐. 南海及邻近地区面波层析成像和S波速度结构[J]. 地球物理学报，2011，54(12)：3089－3097.

[82] Huang Z, Su W, Peng Y, et al. Rayleigh wave tomography of China and adjacent regions[J]. Journal of Geophysical Research: Solid Earth, 2003, 108(B2).

[83] Zhou L, Xie J, Shen W, et al. The structure of the crust and uppermost mantle beneath South China from ambient noise and earthquake tomography[J]. Geophysical Journal International, 2012, 189(3): 1565－1583.

[84] 陈立，薛梅，杨挺. 南海瑞雷面波群速度层析成像及其地球动力学意义[J]. 地震学报，2012，34(6)：754－772.

[85] Tang Q, Zheng C. Crust and upper mantle structure and its tectonic implications in the South China Sea and adjacent regions[J]. Journal of Asian Earth Sciences, 2013, 62: 510－525.

[86] Yang T, Liu F, Harmon N, et al. Lithospheric structure beneath Indochina block from Rayleigh wave phase velocity tomography[J]. Geophysical Journal International, 2015, 200(3): 1582－1595.

[87] Jeffreys H. The Surface Waves of Earthquakes[J]. Geophysical Journal International, 1935, 3(7): 253－261.

[88] Haskell N A. The dispersion of surface waves on multilayered media[J]. Bulletin of the seismological Society of America, 1953, 43(1): 17－34.

[89] Ewing M, Press F. Geophysical contrasts between continents and ocean basins[J]. Geological Society of America Special Papers, 1955, 62: 1－6.

[90] Sato Y. Analysis of dispersed surface waves by means of Fourier transform I[J]. Bull Earthq Res Inst. Tokyo Univ, 1955, 33: 33－48.

[91] Alexander S S. Surface wave propagation in the western United States[D]. California Institute of Technology, 1963.

[92] Pilant W L, Knopoff L. Observations of multiple seismic events [J]. Bulletin of the Seismological Society of America, 1964, 54(1): 19－39.

[93] Dziewonski A, Bloch S, Landisman M. A technique for the analysis of transient seismic signals [J]. Bulletin of the seismological Society of America, 1969, 59(1): 427－444.

[94] Landisman M, Dziewonski A, Sato Y. Recent improvements in the analysis of surface wave observations[J]. Geophysical Journal International, 1969, 17(4): 369－403.

[95] Herrin E, Goforth T. Phase－matched filters: application to the study of Rayleigh waves[J]. Bulletin of the Seismological Society of America, 1977, 67(5): 1259－1275.

[96] Ewing M. Determination of crustal structure from phase velocity of Rayleigh wave Part III: The United States[J]. Bulletin of the Geological Society of America, 1959, 70(3): 229－244.

[97] Capon J. Analysis of Rayleigh – wave multipath propagation at LASA[J]. Bulletin of the Seismological Society of America, 1970, 60(5): 1701 – 1731.

[98] Snieder R, Nolet G. Linearized scattering of surface waves on a spherical Earth[J]. Journal of Geophysics – Zeitschrift Fur Geophysik, 1987, 61(1): 55 – 63.

[99] Friederich W, Wielandt E, Stange S. Non – plane geometries of seismic surface wavefields and their implications for regional surface – wave tomography [J]. Geophysical Journal International, 1994, 119(3): 931 – 948.

[100] Forsyth D W, Li A. Array analysis of two dimensional variations in surface wave phase velocity and azimuthal anisotropy in the presence of multipathing interference[J]. Seismic Earth: Array Analysis of Broadband Seismograms, 2005, 157: 81 – 97.

[101] Li A, Forsyth D W, Fischer K M. Shear velocity structure and azimuthal anisotropy beneath eastern North America from Rayleigh wave inversion[J]. Journal of Geophysical Research: Solid Earth, 2003, 108(B8).

[102]姜明明. 藏南岩石圈结构研究及地震活动性统计建模[D]. 北京：北京大学地球物理系, 2008.

[103] Jiang M, Zhou S, Sandvol E, et al. 3 – D lithospheric structure beneath southern Tibet from Rayleigh – wave tomography with a 2 – D seismic array[J]. Geophysical Journal International, 2011, 185(2): 593 – 608.

[104] Shapiro N M, Campillo M, Stehly L, et al. High – resolution surface – wave tomography from ambient seismic noise[J]. Science, 2005, 307(5715): 1615 – 1618.

[105] Lin F C, Ritzwoller M H, Townend J, et al. Ambient noise Rayleigh wave tomography of New Zealand[J]. Geophysical Journal International, 2007, 170(2): 649 – 666.

[106] Yang Y, Ritzwoller M H, Levshin A L, et al. Ambient noise Rayleigh wave tomography across Europe[J]. Geophysical Journal International, 2007, 168(1): 259 – 274.

[107]李海兵, Valli F, 许志琴, 等. 喀喇昆仑断裂的变形特征及构造演化[J]. 中国地质, 2006, 33(2): 239 – 255.

[108] Yin A, Rumelhart P E, Butler R, et al. Tectonic history of the Altyn Tagh fault system in northern Tibet inferred from Cenozoic sedimentation[J]. Bulletin of the Seismological Society of America, 2002, 114(10): 1257 – 1295.

[109]付碧宏, 张松林, 谢小平, 等. 阿尔金断裂系西段—康西瓦断裂的晚第四纪构造地貌特征研究[J]. 第四纪研究, 2006, 26(2): 228 – 235.

[110] Raterman N S, Cowgill E, Lin D. Variable structural style along the Karakoram fault explained using triple – junction analysis of intersecting faults[J]. Geosphere, 2007, 3(2): 71 – 85.

[111] Zhao Z, Mo X, Dilek Y, et al. Geochemical and Sr – Nd – Pb – O isotopic compositions of the post – collisional ultrapotassic magmatism in SW Tibet: petrogenesis and implications for India intra – continental subduction beneath southern Tibet[J]. Lithos, 2009, 113(1): 190 – 212.

[112] Ding L, Kapp P, Zhong D, et al. Cenozoic volcanism in Tibet: evidence for a transition from oceanic to continental subduction[J]. Journal of Petrology, 2003, 44(10): 1833 – 1865.

[113] Liu C Z, Wu F Y, Chung S L, et al. Fragments of hot and metasomatized mantle lithosphere in Middle Miocene ultrapotassic lavas, southern Tibet[J]. Geology, 2011, 39(10): 923 -926.

[114] 孔祥儒, 王谦身, 熊绍柏. 西藏高原西部综合地球物理与岩石圈结构研究[J]. 中国科学:地球科学, 1996, 26(4): 308 -315.

[115] 高锐, 黄东定, 卢德源, 等. 横过西昆仑造山带与塔里木盆地结合带的深地震反射剖面[J]. 科学通报, 2000, 45(17): 1874 -1879.

[116] 李秋生, 李敬卫. 横跨西昆仑—塔里木接触带的爆炸地震探测[J]. 中国科学: 地球科学, 2000, 30(s1): 16 -21.

[117] 薛光琦, 姜枚, 宿和平, 等. 利用层析成像研究青藏高原叶城 - 狮泉河地区深部构造[J]. 中国科学: 地球科学, 2004, 34(4): 329 -334.

[118] Nabelek J, Hetenyi G, Vergne J, et al. Underplating in the Himalaya - Tibet Collision Zone Revealed by the Hi - CLIMB Experiment[J]. Science, 2009, 325(5946): 1371 -1374.

[119] Razi A S, Levin V, Roecker S W, et al. Crustal and uppermost mantle structure beneath western Tibet using seismic traveltime tomography [J]. Geochemistry, Geophysics, Geosystems, 2014, 15(2): 434 -452.

[120] Zhang Z, Wang Y, Houseman G A, et al. The Moho beneath western Tibet: Shear zones and eclogitization in the lower crust [J]. Earth and Planetary Science Letters, 2014, 408: 370 -377.

[121] 扎祥儒, 王谦身, 熊绍柏. 青藏高原西部综合地球物理剖面和岩石圈结构与动力学[J]. 科学通报, 1999, 44(12): 1257 -1265.

[122] Kao H, Gao R, Rau R J, et al. Seismic image of the Tarim basin and its collision with Tibet [J]. Geology, 2001, 29(7): 575 -578.

[123] Wittlinger G, Vergne J, Tapponnier P, et al. Teleseismic imaging of subducting lithosphere and Moho offsets beneath Western Tibet[J]. Earth and Planetary Science Letters, 2004, 221 (1): 117 -130.

[124] 董英君, 姜枚, 钱辉, 等. 青藏高原西部叶城 - 狮泉河地区岩石圈各向异性研究[J]. 岩石矿物学杂志, 2005, 24(5): 418 -424.

[125] Rai S S, Priestley K, Gaur V K, et al. Configuration of the Indian Moho beneath the NW Himalaya and Ladakh[J]. Geophysical Research Letters, 2006, 33(15): L13508.

[126] 金胜, 叶高峰, 魏文博, 等. 青藏高原西缘壳幔电性结构与断裂构造:札达 - 泉水湖剖面大地电磁探测提供的依据[J]. 地球科学 - 中国地质大学学报, 2007, 32(4): 474 -480.

[127] Zhao J, Zhao D, Zhang H, et al. P - wave tomography and dynamics of the crust and upper mantle beneath western Tibet[J]. Gondwana Research, 2014, 25(4): 1690 -1699.

[128] Wu J, Zhang Z, Kong F, et al. Complex seismic anisotropy beneath western Tibet and its geodynamic implications[J]. Earth and Planetary Science Letters, 2015, 413: 167 -175.

[129] Dahlen F A, Hung S H, Nolet G. Fréchet kernels for finite - frequency traveltimes - I. Theory [J]. Geophysical Journal International, 2018, 141(1): 157 -174.

[130] Zhao L, Jordan T H, Chapman C H. Three - dimensional Fréchet differential kernels for

seismicdelay times[J]. Geophysical Journal International, 2000, 141(3): 558 - 576.

[131] Dahlen F A, Baig A M. Fréchet kernels for body - wave amplitudes[J]. Geophysical Journal International, 2002, 150(2): 440 - 466.

[132] Nolet G, Dahlen F, Montelli R. Traveltimes and Amplitudes of Seismic Waves: A Re - Assessment[J]. Seismic Earth: array analysis of broadband seismograms, 2005, 157: 37 - 47.

[133] Kennett B L N, Engdahl E R. Traveltimes for global earthquake location and phase identification[J]. Geophysical Journal International, 1991, 105(2): 429 - 465.

[134] Kennett B L N, Engdahl E R, Buland R. Constraints on seismic velocities in the Earth from traveltimes[J]. Geophysical Journal International, 1995, 122(1): 108 - 124.

[135] Hung S H, Shen Y, Chiao L Y. Imaging seismic velocity structure beneath the Iceland hot spot: A finite frequency approach[J]. Journal of Geophysical Research: Solid Earth, 2004, 109(B8).

[136] Montelli R, Nolet G, Dahlen F A, et al. Finite - frequency tomography reveals a variety of plumes in the mantle[J]. Science, 2004, 303(56): 338 - 343.

[137] Hung S H, Garnero E J, Chiao L Y, et al. Finite frequency tomography of D "shear velocity heterogeneity beneath the Caribbean[J]. Journal of Geophysical Research: Solid Earth, 2005, 110(B7).

[138] Tromp J, Tape C, Liu Q. Seismic tomography, adjoint methods, time reversal and banana - doughnut kernels[J]. Geophysical Journal International, 2005, 160(1): 195 - 216.

[139] Zhao L, Jordan T H, Olsen K B, et al. Fréchet kernels for imaging regional earth structure based on three - dimensional reference models[J]. Bulletin of the Seismological Society of America, 2005, 95(6): 2066 - 2080.

[140] Liu Q, Tromp J. Finite - frequency kernels based on adjoint methods[J]. Bulletin of the Seismological Society of America, 2006, 96(6): 2383 - 2397.

[141] Chen P, Zhao L, Jordan T H. Full 3D tomography for the crustal structure of the Los Angeles region[J]. Bulletin of the Seismological Society of America, 2007, 97(4): 1094 - 1120.

[142] Hung S H, Dahlen F A, Nolet G. Fréchet kernels for finite - frequency traveltimes—II. Examples[J]. Geophysical Journal International, 2000, 141(1): 175 - 203.

[143] Capdeville Y. An efficient Born normal mode method to compute sensitivity kernels and synthetic seismograms in the Earth[J]. Geophysical Journal International, 2005, 163(2): 639 - 646.

[144]江燕. 广义走时有限频层析成像[D]. 北京：北京大学，2009.

[145] Montelli R, Nolet G, Dahlen F A, et al. A catalogue of deep mantle plumes: New results from finite - frequency tomography[J]. Geochemistry, Geophysics, Geosystems, 2006, 7(11).

[146] Dahlen F A, Nolet G. Comment on 'On sensitivity kernels for 'wave - equation' transmission tomography' by de Hoop and van der Hilst[J]. Geophysical Journal International, 2005, 163(3): 949 - 951.

[147] De Hoop M V, Van Der Hilst R D. On sensitivity kernels for 'wave – equation' transmission tomography[J]. Geophysical Journal International, 2005, 160(2): 621 – 633.

[148] Van Der Hilst R D, De Hoop M V. Banana – doughnut kernels and mantle tomography[J]. Geophysical Journal International, 2005, 163(3): 956 – 961.

[149] Van Der Hilst R D, De Hoop M V. Reply to comment by R. Montelli, G. Nolet and FA Dahlen on 'Banana—doughnut kernels and mantle tomography' [J]. Geophysical Journal International, 2006, 167(3): 1211 – 1214.

[150] Montelli R, Nolet G, Dahlen F A. Comment on 'Banana—doughnut kernels and mantle tomography' by van der Hilst and de Hoop[J]. Geophysical Journal International, 2006, 167(3): 1204 – 1210.

[151] 梁晓峰. 藏南地区地震定位和有限频体波走时层析成像[D]. 北京: 北京大学, 2008.

[152] Liang X, Sandvol E, Chen Y J, et al. A complex Tibetan upper mantle: A fragmented Indian slab and no south – verging subduction of Eurasian lithosphere[J]. Earth and Planetary Science Letters, 2012, 333: 101 – 111.

[153] 张风雪. 有限频体波走时层析成像及其在华北地区的应用[D]. 北京: 中国地震局地球物理研究所, 2011.

[154] 滕吉文. 固体地球物理学概论[M]. 北京: 地震出版社, 2003.

[155] Sheriff R E, Geldart L P. Exploration seismology[M]. Cambridge university press, 1995.

[156] Lowrie W. Fundamentals of geophysics[M]. Cambridge university press, 2007.

[157] Forsyth D W, Webb S C, Dorman L R M, et al. Phase velocities of Rayleigh waves in the MELT experiment on the East Pacific Rise[J]. Science, 1998, 280(5367): 1235 – 1238.

[158] Nolet G. Quantitative seismology, theory and methods[J]. Earth Science Reviews, 1980, 17(3): 296 – 297.

[159] Lay T, Wallace T C. Modern global seismology[M]. Elsevier, 1995.

[160] 傅淑芳, 刘宝诚, 李文艺. 地震学教程[M]. 北京: 地震出版社, 1980.

[161] 滕吉文, 张中杰, 白武明. 岩石圈物理学[M]. 北京: 科学出版社, 2004.

[162] 周仕勇, 许忠淮. 现代地震学教程[M]. 北京: 北京大学出版社, 2010.

[163] Thomson W T. Transmission of elastic waves through a stratified solid medium[J]. Journal of applied Physics, 1950, 21(2): 89 – 93.

[164] Knopoff L. A matrix method for elastic wave problems[J]. Bulletin of the Seismological Society of America, 1964, 54(1): 431 – 438.

[165] Schwab F A, Knopoff L. Fast surface wave and free mode computations[M]//Methods in Computational Physics: Advances in Research and Applications. Elsevier, 1972, 11: 87 – 180.

[166] Panza G. Synthetic seismograms: the Rayleigh wave model summation[J]. Journal of Geophysics – Zeitschrift fur Geophysik, 1985, 58(1 – 3): 125 – 145.

[167] 陈赟. 青藏高原横波速度与各向异性结构及其壳幔形变印迹[D]. 北京: 中国科学院研究生院, 2007.

[168] 徐果明，姚华建，朱良保，等. 中国西部及其邻域地壳上地幔横波速度结构[J]. 地球物理学报，2007，50(1)：193－208.

[169] Yao H, Xu G, Zhu L, et al. Mantle structure from inter－station Rayleigh wave dispersion and its tectonic implication in western China and neighboring regions[J]. Physics of the Earth and Planetary Interiors, 2005, 148(1)：39－54.

[170] Sato Y. Analysis of Dispersed Surface Waves by means of Fourier Transform II：Synthesis of the Movement near the Origin[J]. Bull Earthq Res Inst. Tokyo Univ, 1956, 34：131－138.

[171] Sato Y. Analysis of Dispersed Surface Waves by means of Fourier Transform III：Analysis of Practical Seismogram of South Atlantic Earthquake[J]. Bull Earthq Res Inst. Tokyo Univ, 1956, 34：9－18.

[172] Sato Y. Attenuation, dispersion, and the wave guide of the G wave[J]. Bulletin of the Seismological Society of America, 1958, 48(3)：231－251.

[173] Levshin A, Ratnikova L, Berger J O N. Peculiarities of surface－wave propagation across central Eurasia[J]. Bulletin of the Seismological Society of America, 1992, 82(6)：2464－2493.

[174] Herrmann R B. Computer programs in seismology－an overview of synthetic seismogram computation Version 3. 1[J]. Department of Earth and Planetary Sciences, Saint Louis University, 2001.

[175] 朱良保，熊安丽. 面波频散测量的频时分析法[J]. 地震地磁观测与研究，2007，28(1)：1－13.

[176] Nolet G. Seismic tomography：with applications in global seismology and exploration geophysics[M]. Springer Science and Business Media, 1987.

[177] 朱良保，许庆，陈晓非. 中国大陆及邻近海域的 Rayleigh 波群速度分布[J]. 地球物理学报，2002，45(4)：475－482.

[178] 刘瑞丰，高景春，陈运泰，等. 中国数字地震台网的建设与发展[J]. 地震学报，2008，30(5)：533－539.

[179] Herrmann R B, Ammon C. Computer programs in seismology, version 3.30[J]. Saint. Louis University, Missouri, 2002.

[180] Wang Y, Fan W, Guo F, et al. Geochemistry of Mesozoic mafic rocks adjacent to the Chenzhou－Linwu fault, South China：implications for the lithospheric boundary between the Yangtze and Cathaysia blocks[J]. International Geology Review, 2003, 45(3)：263－286.

[181] Chu Y, Lin W, Faure M, et al. Phanerozoic tectonothermal events of the Xuefengshan Belt, central South China：Implications from UPb age and LuHf determinations of granites[J]. Lithos, 2012, 150：243－255.

[182] Chen Y, Badal J, Hu J. Love and Rayleigh wave tomography of the Qinghai－Tibet Plateau and surrounding areas[J]. Pure and Applied Geophysics, 2010, 167(10)：1171－1203.

[183] 李永华，吴庆举，张瑞青，等. 用面波方法研究上扬子克拉通壳幔速度结构[J]. 地球物理学报，2009，52(7)：1757－1767.

[184] Laske G, Masters G, Ma Z, et al. Update on CRUST1.0 – degree global model of Earth's crust[C]//EGU General Assembly Conference Abstracts, 2013, 15: 2658.

[185] Dziewonski A M, Anderson D L. Preliminary reference Earth model[J]. Physics of the earth and planetary interiors, 1981, 25(4): 297 – 356.

[186] Nafe J E, Drake C L. Variation with depth in shallow and deep water marine sediments of porosity, density and the velocities of compressional and shear waves[J]. Geophysics, 1957, 22(3): 523 – 552.

[187] Wu H H, Tsai Y B, Lee T Y, et al. 3 – D shear wave velocity structure of the crust and upper mantle in South China Sea and its surrounding regions by surface wave dispersion analysis[J]. Marine Geophysical Researches, 2004, 25(1 – 2): 5 – 27.

[188] Zhao D, Hasegawa A, Kanamori H. Deep structure of Japan subduction zone as derived from local, regional, and teleseismic events[J]. Journal of Geophysical Research: Solid Earth, 1994, 99(B11): 22313 – 22329.

[189] 徐涛, 徐果明, 高尔根, 等. 三维复杂介质的块状建模和试射射线追踪[J]. 地球物理学报, 2004, 47(6): 1118 – 1126.

[190] Um J, Thurber C. A fast algorithm for two – point ray tracing[J]. Bulletin of the Seismological Society of America, 1987, 77(3): 972 – 986.

[191] Xu T, Li F, Wu Z, et al. A successive three – point perturbation method for fast ray tracing in complex 2D and 3D geological models[J]. Tectonophysics, 2014, 627: 72 – 81.

[192] Hole J A. Nonlinear high resolution three dimensional seismic travel time tomography[J]. Journal of Geophysical Research: Solid Earth, 1992, 97(B5): 6553 – 6562.

[193] Rawlinson N, Sambridge M. Multiple reflection and transmission phases in complex layered media using a multistage fast marching method[J]. Geophysics, 2004, 69(5): 1338 – 1350.

[194] Nolet G, Dahlen F A. Wave front healing and the evolution of seismic delay times[J]. Journal of Geophysical Research: Solid Earth, 2000, 105(B8): 19043 – 19054.

[195] Hung S H, Dahlen F A, Nolet G. Wavefront healing: a banana – doughnut perspective[J]. Geophysical Journal International, 2001, 146(2): 289 – 312.

[196] Baig A M, Dahlen F A. Statistics of traveltimes and amplitudes in random media[J]. Geophysical Journal International, 2004, 158(1): 187 – 210.

[197] 韩颜颜, 张忠杰, 梁锴, 等. 基于非均匀化多尺度方法的自组织介质波前愈合效应波场模拟[J]. 地球物理学报, 2015, 58(2): 643 – 655.

[198] 江燕, 陈晓非. 有限频与射线层析成像比较研究综述[J]. 地球物理学进展, 2012, 26(5): 1566 – 1575.

[199] 赵烽帆, 张明辉, 徐涛. 地震体波走时层析成像方法研究综述[J]. 地球物理学进展, 2014, 29(3): 1090 – 1101.

[200] VanDecar J C, Crosson R S. Determination of teleseismic relative phase arrival times using multi – channel cross – correlation and least squares[J]. Bulletin of the Seismological Society of America, 1990, 80(1): 150 – 169.

[201] Lou X, Van der Lee S, Lloyd S. AIMBAT: A python/matplotlib tool for measuring teleseismic arrival times[J]. Seismological Research Letters, 2013, 84(1): 85 -93.

[202] Yang T, Shen Y. Frequency - dependent crustal correction for finite - frequency seismic tomography[J]. Bulletin of the Seismological Society of America, 2006, 96(6): 2441 -2448.

[203] Sun Y, Li X, Kuleli S, et al. Adaptive moving window method for 3D P - velocity tomography and its application in China[J]. Bulletin of the Seismological Society of America, 2004, 94(2): 740 -746.

[204] Sun Y, Toksöz M N, Pei S, et al. The layered shear - wave velocity structure of the crust and uppermost mantle in China[J]. Bulletin of the Seismological Society of America, 2008, 98(2): 746 -755.

[205] Paige C C, Saunders M A. LSQR: An algorithm for sparse linear equations and sparse least squares[J]. ACM Transactions on Mathematical Software (TOMS), 1982, 8(1): 43 -71.

[206] Liang X, Sandvol E, Kay S, et al. Delamination of southern Puna lithosphere revealed by body wave attenuation tomography[J]. Journal of Geophysical Research: Solid Earth, 2014, 119(1): 549 -566.

[207] De Hoop M V, Van Der Hilst R D. Reply to comment by FA Dahlen and G. Nolet on 'On sensitivity kernels for' wave - equation 'transmission tomography'[J]. Geophysical Journal International, 2005, 163(3): 952 -955.

[208] Zhou D, Ru K, Chen H. Kinematics of Cenozoic extension on the South China Sea continental margin and its implications for the tectonic evolution of the region[J]. Tectonophysics, 1995, 251(1 -4): 161 -177.

图书在版编目（CIP）数据

新老造山带的深部结构特征：以华南和青藏高原西部为例／王敏玲等著．—长沙：中南大学出版社，2019.5

ISBN 978－7－5487－3625－7

Ⅰ.①新… Ⅱ.①王… Ⅲ.①造山带—地质构造—研究—华南地区 Ⅳ.①P548.2

中国版本图书馆 CIP 数据核字(2019)第 083884 号

新老造山带的深部结构特征：以华南和青藏高原西部为例

XINLAOZAOSHANDAI DE SHENBU JIEGOU TEZHENG：
YI HUANAN HE QINGZANG GAOYUAN XIBU WEILI

王敏玲　梁晓峰　陈　赟　徐　涛　张　智　著

□责任编辑　刘石年
□责任印制　易红卫
□出版发行　中南大学出版社
社址：长沙市麓山南路　邮编：410083
发行科电话：0731－88876770　传真：0731－88710482
□印　　装　长沙市宏发印刷有限公司

□开　　本　710×1000　1/16　□印张 6.5　□字数 130 千字
□版　　次　2019 年 5 月第 1 版　□2019 年 5 月第 1 次印刷
□书　　号　ISBN 978－7－5487－3625－7
□定　　价　40.00 元